国家自然科学基金资助项目（52404078）资助
河南省重点研发专项项目（241111320800）资助
河南省重点研发与推广专项（科技攻关）项目（242102321164）资助
中国博士后科学基金项目（2021M701100）资助

煤岩断裂韧度与断裂过程区各向异性演化规律

龚 爽／著

中国矿业大学出版社
·徐州·

图书在版编目(CIP)数据

煤岩断裂韧度与断裂过程区各向异性演化规律 / 龚爽著. —徐州:中国矿业大学出版社,2024.8.
ISBN 978-7-5646-6390-2

Ⅰ. TD326

中国国家版本馆 CIP 数据核字第 2024JK2937 号

书　　名	煤岩断裂韧度与断裂过程区各向异性演化规律
著　　者	龚　爽
责任编辑	章　毅
出版发行	中国矿业大学出版社有限公司
	(江苏省徐州市解放路　邮编 221008)
营销热线	(0516)83885370　83884103
出版服务	(0516)83995789　83884920
网　　址	http://www.cumt.com　E-mail:cumtpvip@cumt.com
印　　刷	苏州市古得堡数码印刷有限公司
开　　本	787 mm×1092 mm　1/16　**印张** 10.25　**字数** 201 千字
版次印次	2024 年 8 月第 1 版　2024 年 8 月第 1 次印刷
定　　价	48.00 元

(图书出出印装质量问题,本社负责调换)

前　言

随着浅层煤层气可动用储量减少,深部煤层气(埋深大于 2 000 m)的开采备受关注。鉴于深部煤层地质条件复杂,如何形成大范围的复杂缝网是深部煤层气增产提效的关键问题。本书采用三点弯曲试验、巴西劈裂试验及霍普金森动态试验,并结合数字图像相关法(DICM)对含层理煤岩在静动条件及水化学环境下的断裂力学性质、断裂过程区变化特征、各向异性演化和裂纹扩展规律进行了研究。

在漫长的地质沉积过程中,受煤岩中矿物颗粒择优取向特点的影响,煤岩成岩过程中往往会形成大量像层理、节理等弱面构造。煤体内富含的多种层理或节理构造,导致其宏观表现出显著的各向异性。针对层理弱面对煤岩力学性质的影响这一问题,本书通过静态三点弯曲试验并结合 Irwin-Bazant 模型、Strip-yield 均匀牵引模型和 Strip-yield 线性牵引模型探究了不同层理角度的煤岩 I 型断裂韧度响应特征、断裂过程区变化规律及其裂纹扩展轨迹特征。自然界中的水很少呈现中性,一般为(弱)酸性或(弱)碱性的水化学溶液,岩体在水化学环境场中会产生酸-岩、碱-岩以及水-岩等一系列复杂的物理和化学变化。针对这一问题,本书采用巴西劈裂试验和数字图像相关法分析了酸碱环境下含层理煤的 I - II 型断裂韧度响应、能量演变和裂纹萌生特征。在动力扰动影响下,煤体所处的原岩应力场和瓦斯场状态被打破,煤体经受一系列应力变化而形成应力二次分布,同时其裂隙结构发生改变,在一定范围内煤体经历孔裂隙压密、微裂纹的产生及宏观裂纹形成贯穿裂隙网络。本书借助分离式霍普金森压杆(SHPB)冲击加载系统对酸性压裂液和水基压裂液处理后的直切槽半圆弯曲(NSCB)无烟煤试样开展不同冲击气压下 I 型动态断裂韧性试验。研究了不同冲击气压及酸基压裂液对煤的 I 型动态断裂韧度响应和裂纹萌生扩展规律的影响,并基于水基和酸性压裂液的双重性质与线弹性断裂力学(LEFM),构建了细观断裂力学模型,对压裂液作用下煤岩材料的率依赖效应进行了探讨。由于长期的地质沉积作用,岩石内部赋存了大量宏观和微观缺

1

陷,诸如孔洞和裂隙等,不同类型缺陷及缺陷之间的相互作用对岩石的力学特性有着重要影响。岩石的失稳破坏往往是起于初始缺陷的一系列动态破裂演化过程,且含有不同缺陷岩石的裂纹扩展特征及机理往往大不相同。针对煤岩缺陷问题,本书利用分离式霍普金森压杆冲击加载系统,对含不同形状(圆形和方形)和间距(对称和非对称)的双孔洞裂纹石灰岩试样进行冲击条件下的断裂特性测试,并采用高速摄像仪对动态裂纹萌生、扩展、贯通直至试样破坏全过程进行了记录分析,结合图像处理方法进一步分析了冲击载荷作用下含双孔洞裂纹石灰岩的动态抗压强度、动态变形模量、破坏模式、裂纹扩展行为及分形特征。

　　本书考虑自然条件下煤岩赋存状态,综合探究了酸碱环境、层理以及孔洞对静态和动态条件下煤岩力学性质、断裂韧性特征、裂纹萌生扩展规律及能量耗散的影响机制。研究成果有助于进一步理解掌握酸碱环境下含层理弱面煤的裂纹起裂与扩展机制,为煤层压裂增透缝网调控方法提供理论指导,对于巷道支护设计、岩体工程稳定性评价以及冲击地压动力灾害防治等均具有重要的理论指导意义。

著　者

2024 年 6 月

目　录

1

第1章 绪 论

1.1 研究背景

我国煤层气资源丰富,2 000 m 以浅煤层气地质资源储量和可采资源储量分别为 29.82×10^{12} m³ 和 12.51×10^{12} m³,中、高阶煤层气地质资源储量占 60% 以上[1-4]。中国煤层气资源主要分布在沁水盆地、鄂尔多斯盆地、准噶尔盆地和吐哈盆地。其中,沁水盆地和鄂尔多斯盆地赋存有大量的高阶无烟煤(镜质组平均随机反射率不小于 4.0%)煤层气[5]。然而我国高阶煤层气储层由于地质构造和埋藏条件复杂,具有低孔、低渗、高吸附、高地应力的特点,且煤层中的微小孔发育,部分孔隙、裂隙被矿物质填充,孔隙、裂隙连通性差,煤层透气性低,导致直接钻孔和水平井抽采效果不甚理想[6-9]。因此,通过煤层气储层压裂技术建立煤层气渗流通道,并形成大范围的复杂缝网,能够显著提高煤层气抽采率。

煤岩体包含节理、断层、裂纹等许多不同尺度的天然缺陷,这些缺陷在外部载荷和环境作用下的断裂行为直接决定了工程岩体的安全性和稳定性。煤岩的裂纹在扩展过程中通常出现断裂过程区(Fracture Process Zone,FPZ),导致其力学行为呈现明显的非线性特征,这很大程度上决定了煤岩材料的宏观非线性响应[10-12]。FPZ 的物理定义是断裂发生前裂纹扩展路径上的微裂纹空间聚集区。在实验室尺度下,FPZ 尺寸约为 10 mm,相对于初始缺陷长度不可忽略。因此,确定 FPZ 的前提条件是获得精确的微裂纹空间分布。为研究 FPZ 的特性,一系列测量方法得到使用。其中,数字图像相关方法(Digital Image Correlation Method,DICM)是常用的方法之一。DICM 通过匹配试样表面散斑位置计算试样表面全场位移场。它在材料变形监测领域应用广泛,常被用于裂缝形状提取、裂缝张开度及 FPZ 长度研究。纪维伟等[13]使用 DICM 对不同岩石材料的临界张开度进行了比对。安定超等[14]借助 DICM 对断裂过程区的长度进行了测量,并将结果与理论值进行了比较。N. Dutler 等[15]使用 DICM 位移场与应变场分别计算了岩石材料断裂过程区的长度与宽度,发现使用两种方法所得结论是吻合的。DICM 法能在宏观的角度以较高的精度得到试样表面变形场,但无法得到试样内部的变形场。Q. Lin 等[16]对砂岩试样进行三点弯加载,采用 DICM 确定了 FPZ 区域的大致范围及其与材料粒径之间的关系。K. Keerthana 等[17]对混凝土试样进行三点弯单调与疲劳加载

1

试验,使用 DICM 对裂纹的扩展过程进行追踪,发现疲劳加载下不会形成常规定义的 FPZ 区域。以上研究表明,借助 DICM,在不同断裂尺度下对 FPZ 区域进行研究是一种行之有效的方法。

岩石的断裂韧度作为抵抗裂纹起裂和扩展的固有属性,是断裂力学中材料的基本参数之一。它被认为是一项重要的材料性质,在岩体稳定性分析、水力压裂和煤岩动力灾害防控等领域得到越来越多的应用[18-22]。煤储层的断裂韧性则反映了储层材料即煤本身抵抗裂缝起裂的能力,直接关系到水力压裂的可注入性及有效性。在高加载率压裂增透过程中,煤储层的动态断裂行为(如断裂韧度、裂缝扩展长度、动态扩展速度、裂缝扩展路径分形维数等)直接影响煤储层压裂改造时裂缝扩展形态特征,进而影响煤层气渗流扩散通道的形态,最终决定了煤层气的抽采效率。因此,对煤岩断裂力学特性进行深入研究十分必要。在岩石断裂韧性的影响因素研究方面,以往学者开展了矿物成分[23]、围压[24]、温度[25-26]、加载速率[27-28]等对断裂韧性的影响研究。然而,其中关于酸性及碱性压裂液对煤岩动态断裂韧性的影响研究较少。以往研究多集中在酸性溶液对岩石动态抗压强度[29]、剪切强度[30-31]、蠕变特性[32]、准静态 Ⅰ 型断裂韧度[33]、三轴抗压强度[34]等力学参数的影响方面,但对于煤岩动态断裂特性的影响机制尚不清楚。已有研究表明,在煤储层压裂过程中,酸性及碱性压裂液对于井眼附近井壁稳定性和煤岩体积压裂裂缝复杂缝网形态具有重要影响[35]。同时,随着射孔动态起爆压裂技术(如高能气体爆破压裂技术)和高加载率增透方法在深部煤储层的推广应用[36-38],煤岩的动态断裂特性受到越来越广泛的关注。因此开展酸性和碱性压裂液对煤的动态断裂特性影响研究非常必要。

能量是物理反应的本质特征,是物质发生破坏的内在因素,贯穿于煤岩变形破坏的整个过程,所以能量耗散的分析是阐明煤岩破碎机制的基本途径。但在冲击钻进、爆破、破岩和切削等采矿动态施工工艺中,用于破岩的有效能量相比于总输入能相当低。例如,在岩石切削和钻进过程中,只有 10% 的输入能用于岩石破裂,而大部分输入能都以热量或其他形式能量耗散[39]。在爆破中,岩石破碎所使用能量仅占 $5\% \sim 15\%$[40]。C. L. Prasher[41]研究发现粉碎岩石过程中能量利用效率最高仅达 3% 左右。G. Chi 等[42]指出,实际引入粉碎系统中导致岩石形成新断面的能量占比通常小于 1%。然而在煤层酸化压裂增透技术研究方面,目前关于煤储层动态致裂(如高能气体爆破压裂)时主裂缝萌生和扩展过程中能量演化过程并不十分清楚,酸性和碱性压裂液对煤岩破坏过程中能量耗散的影响特征有待进一步探究。

虽然已有研究明确表明酸碱溶液环境、层理和孔洞缺陷对煤岩力学性质具有较大影响,但目前尚不清楚酸性和碱性压裂液、层理和孔洞缺陷对煤岩的断裂韧性特征、断裂过程区变化规律、裂纹扩展规律及能量耗散的影响机制。本书通过MTS力学试验系统先后开展了静态条件下的无烟煤断裂韧度与断裂过程区各向异性试验研究及酸碱环境下含层理直切槽巴西圆盘煤样 I-II 型复合断裂力学特性研究。借助分离式霍普金森压杆(SHPB)冲击加载系统开展了动态条件下的酸性压裂液对无烟煤动态断裂行为及能量耗散规律影响研究和冲击载荷作用下含双孔洞裂纹石灰岩动态断裂行为研究。并采用数字图像相关(DICM)技术和高速摄影机记录了煤样的破坏过程,分析了煤样断裂过程区变化规律、裂纹张开规律和水平方向应变场的演化特征。结合 Image J 图像分析软件及 PCAS 图像识别系统分析煤样裂纹扩展轨迹与分形特征,以及断面处细观孔隙概率熵值。通过对比不同冲击气压和压裂液作用下煤样的入射能、吸收能、断裂能和残余动能,得出酸性压裂液对煤样动态断裂过程的能量耗散影响规律。

1.2 煤岩断裂力学研究现状

断裂韧度是断裂力学中的一个重要力学参数,表征脆性材料抵抗裂纹扩展的能力,对评价和理解岩石工程中岩体的变形破坏过程具有重要指导意义,如水力压裂、爆破、巷道顶板支护设计、冲击地压防治、非常规油气资源开采等。为此,国内外研究学者开展了大量关于断裂韧度等力学参数的基础研究,但目前主要集中于静力学和动力学领域。

在静力学领域方面,如杨健锋等[43]对泥岩进行三点弯曲试验,探讨了泥岩 I 型和 II 型断裂韧度与浸泡时间的关系,得出浸泡时间的增加对试样 I 型和 II 型断裂韧度有弱化作用且弱化程度逐渐减小。韩铁林等[44]为研究砂岩在不同化学溶液环境下 I 型断裂韧度,利用直切口长方体试样进行三点弯曲试验,发现酸性溶液环境下试样断裂韧度劣化程度高。张盛等[45]利用直切槽半圆弯曲法(NSCB)对石灰岩开展了三点弯曲试验,探讨了尺寸和加载率效应对石灰岩试样断裂韧度的影响。武鹏飞等[46]研究了煤岩在正交、垂直和平行层理上断裂韧度的差异,结果表明断裂韧度在垂直层理上最大,平行层理上最小。李二强等[47]利用直切槽 SCB 层状板岩试样进行 I 型断裂试验,发现随层理倾角增大试样断裂韧度呈现减小趋势。Z. L. Zhou 等[48]对不同含水率砂岩进行 NSCB 断裂试验,结果表明断裂韧性和裂纹扩展速度都随着含水量的增加而明显下降。蔡增辉等[49]利用 NSCB 法对煤样进行三点弯曲试验,基于试样断裂韧度与破碎后新增表面积之间的函数关系,提出了断裂韧度一种新的测量方法。宋义敏等[50]利用 DICM 技术对花岗岩断裂过程的变形场进行了分析。王伟等[51]结合声发射技术探讨了层理和预制裂纹方向对煤样断裂过程中细观演化特征的影响。Y. S. Xie 等[52]基于扩展有限元法(X-FEM)研究了 SCB 试样的复合型断裂过程,发现 X-FEM 模拟结果与传统 MTS 准则曲线最为接近。毕井龙等[53]研究了层理角度和温度对油页岩断裂韧度的影响,试验结果表明不同层理角度试样的断裂韧度在温度门槛前呈现增大趋势,温度门槛后呈现减小趋势。李莹等[54]对花岗岩试样开展了三点弯曲试验,试验结果表明晶体粒径的增大对花岗岩的断裂韧度有削弱作用。

在动力学领域方面,赵毅鑫等[55]利用霍普金森压杆(SHPB)和 CDEM 数值模拟软件分析了不同冲击速度、层理角度和切缝长度对煤样Ⅰ型断裂裂纹扩展速度和断裂模式的影响。X. S. Shi 等[56]研究了动载作用下黑色页岩的断裂力学特性,发现垂直层理页岩试样的断裂韧度大于平行层理。殷志强等[57]对含瓦斯煤开展了Ⅰ型断裂试验,研究了瓦斯压力对断裂韧度和裂纹扩展的影响,发现瓦斯压力的增大对断裂韧度具有削弱作用。Y. B. Wang 等[58]采用 DLSM 数值计算方法分析了冲击速度、层理角度、层理介质弹性模量、层理间距和层理宽度对Ⅰ型断裂韧度的影响。X. P. Zhou 等[59]采用三点弯曲试验对黄龙岩进行了断裂韧度测试,发现断裂韧性与加载率的对数表达式呈线性关系。X. S. Shi 等[60]探索层理角度和加载率对各向异性岩石力学破坏行为的共同影响,发现页岩的动态断裂韧性与加载速率之间几乎呈线性正相关,而煤的动态断裂韧性与加载速率之间呈对数关系。F. Dai 等[61]对各向异性花岗岩进行了动态断裂测试,结果表明断裂韧度对加载率具有依赖性且随加载率增大而增大。J. R. Klepaczko 等[62]探究了楔形加拿大煤断裂韧度在不同加载率下的变化规律,发现动载作用下煤样断裂韧度是静载的 12.85～13.05 倍。

1.3　水及酸碱溶液环境下煤岩力学性质研究现状

岩体在水化学环境场中会产生酸-岩、碱-岩以及水-岩等一系列复杂的物理和化学变化。岩体内成岩矿物之间的聚合方式、黏结物质以及矿物材料属性均会发生较大程度的改变,导致岩体内部应力重新分布、内聚力和机械咬合力降低,宏观表现为岩体强度的降低以及承载能力的下降。在地下工程中,岩体往往会赋存在成分复杂的地下水中,经过漫长的时间作用,成岩矿物的材料属性将会发生极大的改变[63-64]。为此,大量国内外学者进行了相关方面的研究。

陈光波等[65]通过轴向压缩试验发现水浸作用下煤岩体强度和稳定性具有明显的劣化效应,并且这种劣化效应在浸水初期更为明显,随着浸水时间增加,劣化效应逐渐减弱。韩鹏华等[66]通过单轴压缩试验发现煤岩破坏形式随水浸时间的增加由拉伸-剪切复合破坏向单一剪切破坏转变,并建立了其损伤本构模型。R. P. Qian 等[67]对不同浸水高度的煤样进行了单轴压缩试验,结果表明,煤试件含水量随浸泡高度的增加而增加,但煤试样的强度弱化程度不随浸泡高度的增加而增加。林海飞等[68]采用超声波持续激励不同饱水度的煤样,揭示了水对煤样孔隙结构及瓦斯解吸变化规律的影响,还发现随着煤样饱水度的增加,煤样平均孔径、比表面积、瓦斯解吸量和总孔容增大。冯玉凤等[69]基于不同含水率煤的瓦斯解吸试验规律,引入"孙重旭"式系数 a ,提出了能够推算不同含水率煤层瓦斯压力的新方法。尹大伟等[70]通过水浸煤样单轴压缩试验,结合 XTDIC 三维全场应变测量系统、扫描电子显微镜等系统,分析了煤样强度、变形破坏与能量演化等特征,从宏细观结构演化、矿物组分变化等方面揭示了煤样力学特性劣化机制。朱广安等[71]开展了不同应力加载水平下的三轴加卸载钻进试验,探究了不同含水率煤体钻进过程中声发射(AE)及其损伤空间特征。Q. M. Huang 等[72]设计了煤颗粒吸收试验,并采用分子模拟方法研究了水在煤岩孔隙内的微观吸附行为,研究结果表明,当有充足的水供应时,与较大的煤颗粒相比,较小的煤颗粒表现出更高的吸水能力。

上述研究成果大多数集中于中性水溶液环境下对煤体物理力学特性的研究。事实上,自然界中的水很少呈现中性,一般为(弱)酸性或(弱)碱性的水化学溶液[73-74]。原文杰[75]开展了酸化改性煤样及原煤煤样的瓦斯吸附试验。试验结果表明,当酸化溶液的 pH 值为 3 时能最大程度地减少煤的瓦斯最大吸附量,增加游离瓦斯含量。王志坚等[76]研究不同类型的酸对煤的溶蚀作用,试验结果表明氢氟酸处理的煤样表面孔隙呈锋利尖锐状,甲酸处理的煤样表面孔隙呈圆润光滑状。Q. F. Xu 等[77]研究发现氢氧化钠能够溶解煤样表面的黏土矿物(如高岭石、石英),同时产生大量的 Na_2SiO_3 沉淀物黏附在煤样表面。X. W. Sun 等[78]进一步研究了强碱对煤岩体物质含量及孔洞结构的影响,发现碱性溶液可以去除煤岩体表面颗粒物,同时会产生大量附着在煤体表面的沉积物,并使得煤体表面形成溶孔。袁梅等[79]对酸化后的无烟煤样开展了低温氮气吸附试验、傅里叶红外光谱试验及瓦斯放散初速度试验。试验结果表明,酸化处理对煤表面官能团与化学结构参数产生深刻影响,能够促进煤层气解吸。其还能有效溶蚀煤中矿物质,实现孔隙疏通与扩张,增强煤层气扩散效能。郑翔等[80]通过分离式霍普金森杆对酸化后的煤岩进行了动态冲击试验,探究了酸腐蚀对煤岩抗拉强度和耗散能的劣化作用。K. H. Shivaprasad 等[81]发现通过酸碱溶液浸泡可以有效降低原煤中的灰分。S. Li 等[82]探究了不同组分酸溶液对煤孔隙结构和力学性能的影响。Z. Liu 等[83]通过原子显微镜分析煤的表面微观结构,发现了酸性和碱性矿井水均能提高煤表面粗糙度,增大煤体孔隙率。P. R. Li 等[84]用碱性矿井水和蒸馏水浸煤发现碱性水浸煤中含氧官能团的含量明显高于蒸馏水浸用煤，从而导致碱性水浸煤的自燃能力大于蒸馏水浸煤。王子娟等[85]研究了不同破碎程度泥质砂岩的材料强度参数随干湿循环次数和浸泡溶液的 pH 值变化关系并获得了三维劣化方程。段国勇等[86]通过室内三轴剪切试验，发现酸碱环境下泥岩土石混合体峰值抗剪强度和残余强度减小，同时酸性环境下试样峰值抗剪强度、残余强度和黏聚力减幅大于碱性环境。苗胜军等[87]发现酸性溶液浸泡对花岗岩的微观结构具有显著影响，具体表现为花岗岩整体结构松散，次生孔隙数量增多，孔隙率变大。付丽等[88]将灰岩岩样分别放在不同 pH 值的酸液中进行固定流速溶蚀试验，结果表明，溶液酸性强度与岩样溶蚀率成正比，与宏观力学强度成反比。童艳梅等[89]研究碱溶液在压实高庙子膨润土试样内的扩散过程及对膨润土矿物和微观结构的影响，发现脱石的溶解和相变是直接导致膨润土缓冲性能退化的主要原因。

1.4　层理对煤岩力学特性影响研究现状

在漫长的地质沉积过程中，受煤岩中矿物颗粒择优取向特点的影响，煤岩成岩过程中往往会形成大量层理、节理等弱面构造。煤体内富含的多种层理或节理构造，导致其宏观表现出显著的各向异性。煤体的各向异性效应对动载扰动下煤柱的稳定性控制、煤层压裂抽采煤层气时裂缝扩展时空演化特征以及煤巷顶板支护设计等均具有显著影响。为此，国内外研究学者对含层理煤岩各向异性的影响展开了大量的研究。

李勇等[90]通过三点弯曲试验发现当层状页岩层理倾角与预制裂纹角度垂直时，试件的Ⅰ型断裂韧度最大，而当层理倾角和预制裂纹角度平行时，试件的Ⅰ型断裂韧度最小。卢义玉等[91]采用页岩制作平行层理与垂直层理 2 个方向的剪切裂缝，通过对裂缝中气体流态的分析发现垂直剪切裂缝中同时存在层流、过渡流和紊流，而平行剪切裂缝中只存在过渡流和紊流。张思源等[92]对不同层理方向的砂岩试样开展了力学性质和渗透率测试试验，探明了层理方向对流体压力和流线分布具有显著的影响，层理面上易形成优势流，进而影响不同层理方向试样的渗透率。朱健等[93]对层理面与加载方向之间夹角为 0°、30°、45°、60° 和 90° 的煤样开展了微波破煤试验，试验结果表明层理面与加载方向之间的夹角越大，微波辐射下煤体的束缚孔减少幅度与连通性裂隙增长幅度越大。张国宁等[94]采用不同层理角度煤样进行单轴压缩试验，试验结果表明，随着层理角度的增加，试样的抗压强度及应变能均呈"V"形变化趋势。翟成等[95]基于声波检测和低场核磁共振手段对含

层理煤岩液态 CO_2 致裂试验效果进行了分析,结果表明致裂后煤样的纵波波速随层理角度的增大逐渐减小,煤样孔隙度随层理角度增大逐渐增大。解北京等[96]和李磊等[97]通过超声波对垂直层理和平行层理煤样进行测速,发现垂直层理会使波速发生衰减,且平行层理的波速高于垂直层理,具有明显的层理效应。R. Yang 等[98]对含层理煤样进行三轴压缩试验,发现不同层理方向的脆性特征存在显著差异,轴向倾斜层理和平行层状煤样的平均强度均比轴向垂直层理煤样低。J. J. Liu 等[99]对不同层理高阶煤单轴压缩和声发射试验结果进行分析,表明:垂直分层煤试样单轴抗压强度和变形模量最大,斜层煤样单轴抗压强度和变形模量平均值最小,随着层理角度的增大,高等级煤的单轴抗压强度先减小后增大。S. You 等[100]通过单轴压缩和剪切试验将层状岩石的破坏模式归纳为 3 种类型:平行于层理弱平面的裂缝拉伸破坏,沿层理薄弱面的剪切滑移破坏,以及层理薄弱面与基体之间的拉剪复合破坏。S. Y. Zuo 等[101]对 7 种不同层理倾角的白云岩样品进行了单轴压缩试验,将含层理白云岩分为岩石拉伸开裂、岩石剪切破坏、层理开裂、层理滑动破坏和岩石弯曲 5 种破坏模式,并进一步建立了各向异性本构模型。M. Duan 等[102-104]采用真三轴装置对不同层理角的煤进行渗流试验,探明了随着层理角的增大,煤的峰值应力减小,耗散能增大,当煤的层理角较大时,主要破坏模式由拉伸-剪切破坏转变为沿层理面的剪切破坏。L. Xia 等[105]采用颗粒流代码建模方法建立了数值模型,数值模拟结果表明,当煤岩层理面倾角较大或较小时,预制的剪切断裂面附近会形成彻底的断裂面。Y. Y. Zhou 等[106]提出了一种基于泛在联合模型的增强模型,在增强模型中,假设完整的层状岩石表现为横向各向同性弹性体,验证了完整岩体的膨胀角和强度受围压和载荷的影响。Q. Yin 等[107]对不同层理倾角的层状岩石进行了三点弯曲试验,结果表明,随着层理倾角的增大,层理效应得到增强,导致 I 型断裂韧性值不断降低。L. Cheng 等[108]采用三维(3D)扫描和 3D 打印技术制备复合岩标本,模拟天然岩层,通过三轴压缩试验,揭示了三轴载荷作用下的岩石破坏机理,结果表明,随着层理倾角的增大,在不同的围压水平下,试样的峰值强度先减小后增大。Y. Y. Meng 等[109]对具有不同层理平面倾角的层状岩性材料进行了巴西拉伸和声发射试验,验证了随着层理面倾角的增加,巴西抗拉强度(BTS)和累积的 AE 能量逐渐减小,试样的失效模式由中心失效转变为层活化失效。X. S. Shi 等[110]对含层理页岩和煤进行拉伸试验表明了页岩的抗拉强度随层理角度的增大而线性增加,而煤的抗拉强度则表现出较大的离散性。M. H. Liu 等[111]为了研究各向异性层状岩石的裂纹演化特性,使用层状页岩试样进行了单轴压缩试验,发现岩样主要的宏观裂缝是沿着层理面的,一些宏观亚裂缝穿透了页岩的层理面。

1.5 数字图像相关法研究现状

数字图像相关法(DICM)作为一种非破坏性、全场光学测量方法,因其准确性、适用性和可操作性,已广泛应用于力学试验中岩土材料变形的测量。因此,国内外研究学者基于 DICM 技术开展了相关方面的基础研究。

F. Xie 等[112]对砂岩进行了动态压缩试验,通过比较数字图像相关法(DICM)技术测量值和理论整体应变历史之间的误差,评估了加工参数,包括感兴趣区域(AOI)大小、相关标准、子集大小、步长、滤波和增量相关性,验证了 DICM 技术的可靠性。J. Wang 等[113]采用 DICM 研究了动压缩载荷作用下岩石材料的全场应变。试验结果表明,与应变片测量的应变相比,DICM 测量的应变可以反映更多的变化细节。郝贠洪等[114]通过 DICM 技术,研究冻融循环对古建筑青砖材料的损伤和变形特征,并采用损伤程度因子/损伤局部化因子来表征古建筑青砖的单轴压缩损伤过程。许颖等[115]对聚丙烯纤维增强混凝土(PPFRC)预制裂缝梁进行三点弯曲试验,分析表明聚丙烯纤维延长了混凝土弹性阶段,有效提高起裂载荷、峰值载荷和断裂耗能,大幅提高了断裂过程区(FPZ)极值长度,降低了裂缝扩展面积。Y. H. Huang 等[116-117]借助数字图像相关法(DICM)技术对含椭圆孔洞大理岩的裂纹演化规律进行了研究,分析了不同倾角、长短轴之比条件下含椭圆形孔洞岩石的破坏过程,提出了一种含孔洞缺陷岩石起裂应力的测量方法。刘享华等[118]采用3D 砂型打印技术制作含孔双裂隙类岩石试件,结合数字图像相关法(DICM)对压缩过程中的试件进行非接触式、全场观测,研究发现孔洞和裂隙之间的贯通模式受两者之间水平距离的影响,可分为张拉贯通、转动贯通以及拉剪混合贯通。T. Wang 等[119]为研究煤岩变形的层理效应,采用 DICM 技术获取了不同层理角度下煤岩的地表变形场,提出了等效内聚力和等效抗拉强度的概念,建立了煤与岩的横向各向同性本构模型。Y. F. Wu 等[120]根据 DICM 的结果,描述了单轴压缩下岩土混合体的损伤演化,岩石块体是控制剪切带几何形状分布的主要因素,局部应变带通常沿土壤和岩石界面出现。吴秋红等[121]基于裂纹扩展计(CPG)和数字图像相关法(DICM)测试技术,得出花岗岩Ⅰ型断裂韧度、最大断裂过程区长度及裂纹平均扩展速度随热冷循环次数增大而指数减小的规律。杨子涵等[122]提出一种基于数字图像相关法(DICM)技术的裂缝自动提取与宽度量化的计算方法,实现了混凝土梁加载过程中任意方向上裂缝自动化检测及高精度量化。石振祥等[123]结合声发射(AE)技术和数字图像相关法(DICM)技术对湿筛混凝土试件进行实时监测,得出在轴向拉伸过程中,加载速率越快,试件损伤指数逐渐向线性发展。李二强等[124]基于 DICM 技术测取不同层理层状板岩试样缝尖至加载端的水平位移场,揭示了由试样尖端起裂至裂纹扩展贯通形成的表面位移场断裂演化特征。Y. H. Ko 等[125]验证了 DICM 在测量爆破的地面位移和振动方面的可行性。X. Y. Qi 等[126]基于 DICM 表面损伤演化特征,建立了基于双重损伤因子表征的层状复合岩损伤本构模型,揭示了单轴压缩作用下层状复合岩内部裂缝萌发、延伸和渗透的损伤演化机理。尚宇琦等[127]采用 DICM 技术深入分析单轴压缩下煤样裂隙发育特征及应变演化规律。试验结果表明,煤样应变演化与裂隙发育具有潜在的联系,加载过程中弯曲状裂隙会发生频繁的张开、闭合现象,最大主应变方向与裂隙张开方向基本一致,与裂隙扩展延伸方向基本垂直。代树红等[128]采用含 I 型预制裂纹的巴西半圆盘试件进行三点弯曲加载,证明了数字图像相关方法和有限元方法协同分析可得到裂纹尖端的损伤场。

1.6 含孔洞缺陷煤岩力学性质研究现状

自然界中的岩体所含的缺陷具有复杂性,且内部所含缺陷的形状、分布状态也不尽相同,而对单一不同类型的缺陷的试验结果表明,缺陷类型对岩石的破坏模式有很大的影响。由此我们可以得知当不同类型的复杂缺陷同时存在于一块岩石中时,岩石的力学特性和效应将会发生很大的变化。因此,专家学者将对含有复杂缺陷岩石破坏过程展开大量的研究。

Y. H. Huang 等[129]对含有三个非共面孔洞的花岗岩试件进行了单轴压缩试验,利用声发射测量和摄影监测技术,分析了应力、声发射与裂纹演化过程之间的关系,揭示了花岗岩试件中已有孔洞周围裂纹的演化机制。J. Xu 等[130]对含有单个和双个椭圆形孔洞的类岩石试样开展一系列单轴和双轴压缩试验,并得出孔洞的形状和孔洞间的相互作用在影响孔周裂纹扩展的过程中起重要作用。Z. L. Zhou 等[131]对含有单个矩形孔洞或两个不同位置的矩形孔洞的矩形柱状大理岩试件进行了单轴压缩试验,并通过声发射和数字图像相关法技术分别测量了试件的破坏特征和试件表面应变集中区(SCR)的演变。研究了两孔洞中心相对于水平方向的倾斜角对试件破坏模式和力学性能的影响。伍天华等[132]对含孔洞和裂隙的类岩石试样开展单轴压缩试验,探究孔洞缺陷和裂隙缺陷的共同作用对试样的力学特性及裂纹孕育演化规律的影响。M. Wang 等[133]对含有多个预裂纹的类岩石材料进行双轴加载试验,分析了预制裂纹数目和角度对裂纹扩展的影响,并采用分形维数定量描述了裂纹在失效过程中的扩展情况。结果表明,随着试件的破坏,相应的分形维数单调增加,说明分形维数可以定量地反映试件的破坏。W. C. Wang

等[134]对含两个不同缺陷倾角的岩样进行三轴和单轴加载试验,结果发现不同的缺陷倾角对岩样的峰值强度和破坏特性有着显著的影响。X. P. Zhou 等[135]对含有三种不同类型缺陷的类岩石试样进行单轴压缩试验,并应用三维数字图像相关技术实时获取了类岩石试件表面的位移场和应变场,从而研究不同缺陷之间岩桥的倾角对试样力学特性和裂纹扩展的影响。李元海等[136]对中心孔洞周围均布 4 条不同倾角裂隙的软岩进行单轴和双轴加载,并采用 FLAC3D 对加载试验进行模拟,研究其力学特性与破裂模式。Z. Cheng 等[137]对含平行双裂隙的类岩石试样进行单轴压缩试验,得到破坏过程中试样裂隙的合并模式,并运用离散元程序对试样裂隙的合并模式进行模拟。W. D. Pan 等[138-139]对含非平行双裂隙类岩石试样进行单轴压缩试验,研究发现裂隙的倾角对试样的抗压强度存在较大的影响。H. Cheng 等[140]对含 3 条预制裂隙的类岩石试样进行单轴加载试验,研究预制裂隙张开度对类岩石试样力学特性的影响。H. Haeri 等[141]对含双 L 形裂隙缺陷的类岩石试样进行单轴加载试验,研究试样裂纹的扩展,发现在单轴加载下试样主要产生拉伸裂纹,剪切裂纹较少,裂隙形状是影响试样力学特性和破坏模式的主要影响因素。Q. B. Lin 等[142]采用声发射和 DICM 技术对含双圆形孔洞和裂隙的类岩石试样进行单轴压缩试验,发现裂隙的倾角对岩石的抗压强度具有较大的影响,并对类岩石试样裂隙的演化规律进行分析。Q. Yin 等[143]研究在单轴压缩加载下含裂隙-孔洞砂岩试样的破坏模式,影响砂岩试样破坏模式的因素主要有裂隙的倾角、长度和孔洞与裂隙岩桥长度。X. Z. Sun 等[144]对包含混合预制裂隙缺陷的类岩石试样进行单轴加载试验,发现不同类型的预制裂隙缺陷产生不同的裂纹。S. Zeng 等[145]在对包含节理的岩石施加冲击载荷的过程中发现:当冲击载荷不够大时,岩石的节理仅会产生闭合,其周围不会产生裂纹;当载荷足够大时,岩石节理出现闭合且其周围产生大量的裂纹,并伴随着裂纹扩展试样最终破坏。

同样也有众多的学者采用理论分析和数值模拟方法对含复杂缺陷岩石进行研究。X. R. Liu 等[146]对含椭圆形孔洞和裂隙的砂岩进行单轴压缩试验,并使用 AE 和 DICM 技术观测和分析岩样的变形破裂过程,研究含椭圆孔洞和裂隙缺陷砂岩的强度和断裂机理。Y. H. Huang 等[147]用 PFC 对含 2 条不平行裂隙的类岩石试样进行单轴压缩模拟试验,并详细分析了岩石裂纹的产生、扩展和聚集过程。X. P. Zhou 等[148]对包含 4 个缺陷的类岩石试样进行单轴加载数值模拟,发现裂纹总会沿着最弱的路径扩展,此现象与室内试验结果的吻合度较高。H. D. Liu 等[149-150]基于滑动裂纹理论模型,建立了一种符合脆性岩石破坏模式的本构模型,且通过一系列试验验证了该模型的合理性。Z. C. Wang 等[151]利用 PFC 对含双共面裂隙的类岩石试样进行单轴压缩模拟试验,分析不同参数裂隙对类岩石试样力学特性及破坏模式的影响。

从以往的研究经历可知,在岩石力学领域针对自然界岩体的复杂性,众多学者的研究对象包括不同材质完整岩石、含单一缺陷岩石及含复杂缺陷岩石[152],尤其针对含复杂缺陷岩石做了大量的研究工作,通过室内试验和数值模拟方法研究试样在破坏过程中的强度及变形特征、断裂破坏机理[153-154]。但是,在研究复杂缺陷的过程中,大部分学者的研究对象是多个同类型缺陷,对不同类型、形状缺陷的研究非常少。由于自然界岩体内部缺陷的复杂性,不同类型缺陷对岩体力学效应的影响偏差较大,因此研究含多种不同类型缺陷岩石的破坏模式,对实际工程中含复杂缺陷岩石的稳定性分析具有重要意义。

第 2 章　无烟煤断裂韧度与断裂过程区各向异性试验研究

本章采用 MTS 液压伺服试验系统对不同层理倾角直切槽半圆弯曲(NSCB)无烟煤试样进行Ⅰ型三点弯曲加载试验。采用数字图像相关法(DICM)和声发射(AE)定位技术相结合方法研究了裂纹尖端 FPZ 的孕育过程。根据裂纹尖端附近测线水平位移随载荷的变化特征和声发射定位点密集区域量化确定了无烟煤试样的断裂过程区长度。基于 Irwin-Bazant 模型、Strip-yield 均匀牵引模型和 Strip-yield 线性牵引模型,对无烟煤样完全发育 FPZ 长度进行预测,并与试验结果进行了对比分析。探讨了各向异性无烟煤 FPZ 几何形态以及不同层理角度无烟煤 FPZ 孕育过程中剪切和拉伸变形时序特征。研究成果有助于进一步理解掌握含层理弱面无烟煤裂纹起裂与扩展机制,为煤层压裂增透缝网调控方法提供理论指导。

2.1　试样制备及试验方案

2.1.1　试样制备

试验煤样取自山西某煤矿,该矿煤层含气量较大,超过 $10 \text{ m}^3/\text{t}$,最高可达 $24.2 \text{ m}^3/\text{t}$。样品为高变质度无烟煤,具有典型层理弱面,宏观煤岩类型为光亮至半亮型煤。煤岩工业分析测试得出,无烟煤镜质体反射率为 2.43%,水分为 1.58%,灰分为 16.64%,挥发分为 19.71%,固定碳 62.07%。按照国际岩石力学学会(ISRM)推荐的直切槽半圆弯曲(NSCB)试样制备方法[155],首先,沿平行煤岩层理面钻取直径为 50 mm 圆柱形岩芯,再将岩芯加工为厚度 25 mm 的圆盘。为了满足精度要求,每个试样的端面都经过精细研磨,确保端面水平对齐度为 ±0.05 mm,垂直纵轴精度为 ±0.25°。随后将每个圆盘沿直径分成两个半圆形试样,使用高速旋转的镶金刚石圆刀片(0.3 mm 厚度)从原圆盘中心垂直于直径方向切割出一个直切槽。为了获得锐利的裂纹尖端(便于裂纹起裂),切槽尖端使用 0.1 mm 厚度的金刚石线锯进行锐化。煤样层理角度(θ)即沿垂直加载方向与层理平面之间的夹角,按层理角度将试样分为 5 组,依次为 0°、22.5°、45°、67.5°和 90°。如表 2-1 所示。

表 2-1　不同层理角度煤体的几何尺寸和力学参数

层理角度 /(°)	直径/mm	厚度/mm	质量/g	弹性模量/GPa	泊松比	纵波波速 /(m·s⁻¹)
0	$50.04_6 \pm 0.07$	$25.00_6 \pm 0.04$	$42.36_6 \pm 1.40$	$2.490_6 \pm 0.310$	$0.395\ 5_6 \pm 0.01$	$1\ 993_6 \pm 174$
22.5	$50.03_6 \pm 0.04$	$25.01_6 \pm 0.04$	$40.33_6 \pm 4.72$	$2.427_6 \pm 0.144$	$0.399\ 2_6 \pm 0.03$	$2\ 016_6 \pm 194$
45	$50.01_6 \pm 0.04$	$25.01_6 \pm 0.05$	$41.06_6 \pm 0.67$	$2.354_6 \pm 0.170$	$0.391\ 5_6 \pm 0.01$	$1\ 901_6 \pm 75$
67.5	$50.02_6 \pm 0.03$	$25.30_6 \pm 0.04$	$39.43_6 \pm 2.57$	$2.498_6 \pm 0.430$	$0.361\ 4_6 \pm 0.05$	$1\ 821_6 \pm 151$
90	$50.00_6 \pm 0.03$	$25.00_6 \pm 0.02$	$42.10_6 \pm 0.60$	$2.123_6 \pm 0.176$	$0.373\ 5_6 \pm 0.02$	$1\ 726_6 \pm 128$

注:表中数据采用"样本平均值_{试样数量}±标准差"的方法表示。

2.1.2　试验方案

本书主要研究层理构造引起的各向异性对无烟煤断裂韧度和断裂过程区孕育特性的影响,基于此研究目的,采用 MTS C45.104 万能试验机、DICM 高速应变测量系统和美国物理声学公司(PAC)的 PCI-Express 8 声发射系统对 5 种不同层理倾角的无烟煤试样进行了Ⅰ型三点弯曲加载试验。

具体试验方案如下:

(1)将制备好的煤样根据层理倾角分为 5 组,由于煤样非均质性较强,为确保试验结果准确性,每组层理角度设置 6 个平行试样,一共制备了 30 个直切槽半圆弯曲(NSCB)试样以测试煤样的断裂力学性能,并依次进行编号。试样编号原则为依次描述层理倾角、平行试样序号。如 1-1 表示层理角度为 0°,进行试验的是第 1个平行试样。2-3 表示层理角度为 22.5°,进行试验的是第 3 个平行试样。

(2)依据 ISRM 提出的关于材料Ⅰ型断裂韧度测试的建议,试验前对万能试验机支撑底座压辊间的跨距进行调整,设置跨距 $S=30$ mm,即左右两根压辊距离试样中心预制裂纹各 15 mm。

(3)声发射系统前置放大器的增益设置为 40 dB。测量完环境噪声后,门阈值设为 40 dB,采样频率设为 1 MHz。为获得更有效的声发射信号,在测试过程中,传感器与试样采用凡士林耦合,保持充分接触。在试验中,使用 3 个声发射传感器采集信号,将其放置在试件的后表面,如图 2-1(a)所示。其中 No.1 用以采集主裂纹扩展路径上的声发射信号,No.2、No.3 用以采集裂纹扩展边界的声发射信号。此外,将 DICM 高速应变测量系统拍摄频率设置为 250 Hz,利用 strain master软件内置的数字图像相关算法计算变形位移矢量场。

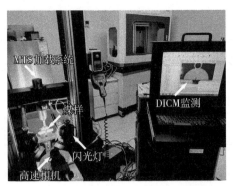

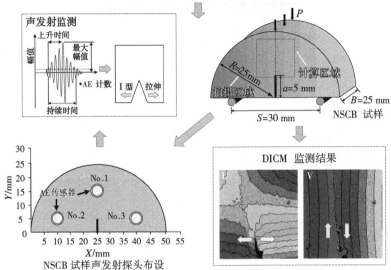

（a）试验加载装置及监测系统

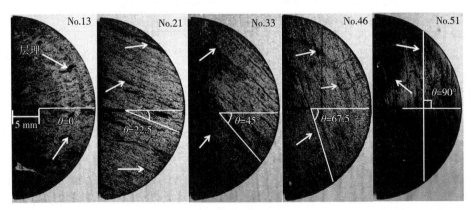

（b）不同层理倾角煤样

图 2-1　试验加载系统及不同层理倾角煤样

（4）全程采用位移加载，以 0.2 mm/min 的加载速率直至试样破坏。本试验选取 6 个平行试样的平均值作为最终试验结果，煤样的断裂力学参数及 FPZ 测试值如表 2-1 所示。

2.2　试验结果分析

2.2.1　煤样断裂力学参数各向异性特征分析

图 2-2 给出了不同层理角度煤样典型的载荷-位移曲线。可以看出，载荷-位移曲线具有较明显的压密阶段，以及较长范围的弹性阶段，但屈服阶段并不明显。峰值过后试样具有较小的峰后应变，表现出很强的脆性特征。为了进一步分析不同层理角度试样断裂力学参数，统计了不同层理角度无烟煤试样的峰值载荷、峰值位移、抗拉强度和断裂韧度以及与各参数对应的标准差，如表 2-2 所示。分析表中数据可知，当 $\theta=0°$ 时，试样的峰值载荷是 5 种层理角度中的最小值，为 628.98 N。随着层理角度的增大，峰值载荷逐渐增大，并在 22.5°和 45°时分别达到 672.40 N、1 174.72 N，约为 $\theta=0°$ 时的 1.07 倍和 1.87 倍。值得注意的是，当 $\theta=67.5°$ 时峰值载荷降低，约为 $\theta=45°$ 时的 99.36%。峰值载荷在 $\theta=90°$ 时达到 5 种层理角度中的最大值 1 474.31 N，峰值载荷最大值约为最小值（$\theta=0°$，628.98 N）的 2.34 倍。此外，峰值载荷越大，对应的峰值位移越大。综上所述，层理角度对试样的力学性能有较大的影响，不同层理角度的各向异性造成了试样峰值载荷与峰值位移的差异特征。

表 2-2　不同层理角度煤样的断裂力学参数及 FPZ 测试值

层理角度/(°)	峰值载荷/N	峰值位移/mm	断裂韧度/(MPa·m^{1/2})	抗拉强度/MPa	FPZ 试验结果/mm
0	$628.98_6 \pm 145.32$	$0.13_6 \pm 0.04$	$0.30_6 \pm 0.07$	$2.102_6 \pm 0.07$	$5.68_6 \pm 0.03$
22.5	$672.40_6 \pm 231.18$	$0.18_6 \pm 0.03$	$0.32_6 \pm 0.11$	$2.342_6 \pm 0.11$	$5.26_6 \pm 0.05$
45	$1\ 174.72_6 \pm 355.36$	$0.23_6 \pm 0.07$	$0.55_6 \pm 0.17$	$3.455_6 \pm 0.17$	$4.46_6 \pm 0.04$
67.5	$1\ 167.17_6 \pm 345.44$	$0.23_6 \pm 0.01$	$0.55_6 \pm 0.16$	$3.575_6 \pm 0.16$	$6.38_6 \pm 0.01$
90	$1\ 474.31_6 \pm 88.78$	$0.28_6 \pm 0.07$	$0.69_6 \pm 0.04$	$3.909_6 \pm 0.04$	$7.18_6 \pm 0.09$

注：表中数据采用"样本平均值$_{试样数量}$±标准差"的方法表示。

Ⅰ型断裂韧度通过归一化应力强度因子 Y_{I} 和峰值载荷 P_{m} 求得[155]：

$$K_{\text{IC}} = Y_{\text{I}} P_{\text{m}} \sqrt{\pi a} / 2RB \qquad (2-1)$$

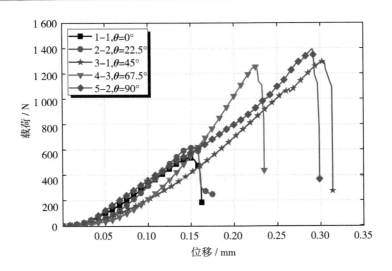

图 2‐2 不同层理角度煤样典型载荷‐位移曲线

其中：

$$Y_{\mathrm{I}} = -1.297 + 9.516a_{\alpha} - (0.47 + 16.457a_{\alpha})\beta + (1.071 + 34.401a_{\alpha})\beta^2$$

(2‐2)

式中，a 为裂纹长度，mm；B 和 R 为试样的厚度和半径，mm；a_{α} 为支撑点间的跨距 S 和试样直径 D 的比值；β 为裂纹长度 a 与试样半径 R 的比值。此次试验中取 a_{α} $=0.6,\beta=0.2$。

归一化应力强度因子 Y_{I} 是通过拟合有限元结果得到的几何因子，仅对各向同性材料有效[156]。在各向异性情况下，除了几何结构外，材料常数也会影响应力强度因子的解。因此，需进行有限元分析，以评估各向异性材料模型对归一化应力强度因子 Y_{I} 的影响。采用有限元软件 ABAQUS 对试样进行建模和分析。有限元网格及边界条件如图 2‐3 所示。

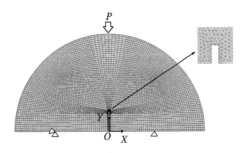

图 2‐3 NSCB 试样有限元分析网格和边界条件

参照层状岩石相关理论,将层理煤样视为横观各向同性体[157],根据试验测取的横观各向同性参数($E = 2\,326.31$ MPa,$v = 0.38$,$E' = 1\,887.59$ MPa,$v' = 0.26$ 和 $G' = 767.65$ MPa),将其赋予数值模型,绕裂纹尖端逆时针旋转模型的材料方向,模拟层理角度的变化,进而获得更加符合本次试验的形状因子参数 Y_I 和 Y_{II}。ABAQUS 的轮廓积分模块使用圆柱域计算相互作用积分,然后计算应力强度因子。计算应力强度因子的域积分法已成功用于各向同性材料[158-159]以及各向异性弹性模型[160-161]。计算应力强度因子后可得归一化应力强度因子 Y_I 和 Y_{II},即:

$$Y_I = \frac{2K_I BR}{P\sqrt{\pi a}}, Y_{II} = \frac{2K_{II} BR}{P\sqrt{\pi a}} \qquad (2-3)$$

各向同性和各向异性材料模型的有限元结果对比见表 2-3。可以看出,通过 M. D. Kuruppu 等[155]给出的归一化应力强度因子 Y_I 计算断裂韧度值高估了约 3%。归一化应力强度因子 Y_I 的各向异性效应并不明显。通过对归一化应力强度因子 Y_{II} 的各向异性效应分析可得,层理角度为 0°和 90°试样的断裂模式仍是纯 I 型,但层理角度为 45°试样的断裂模式是 I/II 复合型,其复合比 $K_{II}/K_I = 0.12$。该结果表明层理角度为 22.5°、45°和 67.5°试样断裂模型并非为纯 I 型。

表 2-3　基于各向同性和各向异性模型得出的归一化应力强度因子对比

θ	Y_I		Y_{II}	
	Eq. (2)	各向同性(FE)	各向异性(FE)	各向异性(FE)
0°			3.184	0
45°	3.212	3.112	3.213	−0.410
90°			3.107	0

图 2-4 所示为煤样峰值载荷、峰值位移及断裂韧度随层理角度的变化情况。可以看出,峰值载荷、峰值位移、断裂韧度均随着层理角度的增大呈增加趋势。三个指标均表现出较强的各向异性特征。值得注意的是,与层理角度为 0°的煤样相比,层理角度为 22.5°、45°、67.5°和 90°的煤样平均断裂韧度分别增大了 6.76%、86.82%、85.47%和 134.46%。该结果表明,无烟煤试样的断裂韧度具有很强的各向异性。当加载方向沿着层理面时,断裂韧度最小;当加载方向垂直于层理面时,断裂韧度最大。层理角度为 0°时,即试样的层理面与加载方向平行,由于煤的抗拉强度远小于抗压强度,因此在加载过程中沿层理弱面方向易产生张拉破坏。层理结构面的强度较低,在拉应力的作用下比煤基质更易发生破坏,因此层理角度为 0°煤样峰值载荷和峰值位移较小。然而在倾斜层理面上,其他层理角度煤样不

仅承受拉应力作用,还伴随剪切应力,其峰值载荷和峰值位移不断增大。该试验结果与花岗闪长岩[162]和页岩[163]等测试结果一致。

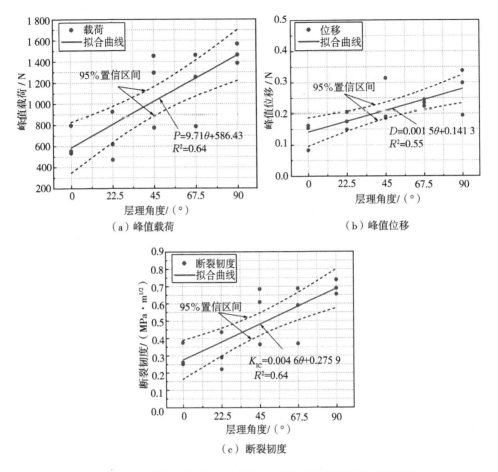

图 2-4 煤样的峰值载荷、峰值位移、断裂韧度随层理角度的变化

2.2.2 无烟煤试样中 FPZ 确定方法

2.2.2.1 基于 DICM 确定 FPZ

通过 VIC-2D 软件将高速相机记录的数字散斑图像进行处理,可得到不同载荷水平对应的位移场云图,进一步在 NSCB 试样预制裂纹尖端布设测线可导出位移数据及对应曲线。图 2-5 所示为不同载荷水平下($4.7\%P_{max}$,$26.3\%P_{max}$,$50.8\%P_{max}$,$74.3\%P_{max}$,$93.6\%P_{max}$,$95.3\%P_{max}$,P_{max})典型试样($F-3-1$,$\theta=45°$)的水平位移场演化云图及其对应测线数据。可以看出,当载荷为 $4.7\%P_{max}$ 时,测线 L_0 处($Y=5$ mm)的水平位移在 $U=-0.001$ 的位置小

范围波动,表明裂尖断裂过程区还未明显孕育,试样处于压密阶段。当载荷增大至$(26.3\% \sim 74.3\%)P_{max}$范围时,试样逐渐进入弹性变形阶段,$L_0$测线水平位移在裂尖附近发生明显跳跃,如图2-5(d)所示,其跳跃点A、B的水平位移差值达$1.0~\mu m$,表明裂尖附近煤基质发生一定量错动,断裂过程区已经开始孕育,且随着载荷不断增大,跳跃点A、B间水平位移差值越来越大,当载荷达到$74.3\%P_{max}$时,水平位移差值达$9.72~\mu m$。

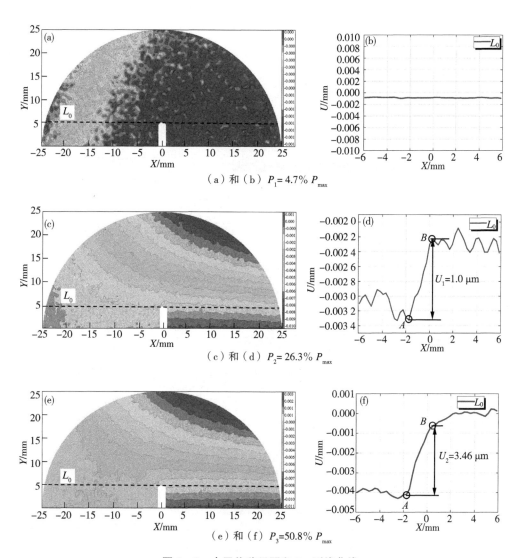

（a）和（b）$P_1 = 4.7\% P_{max}$

（c）和（d）$P_2 = 26.3\% P_{max}$

（e）和（f）$P_3 = 50.8\% P_{max}$

图2-5　水平位移云图和L_0测线曲线

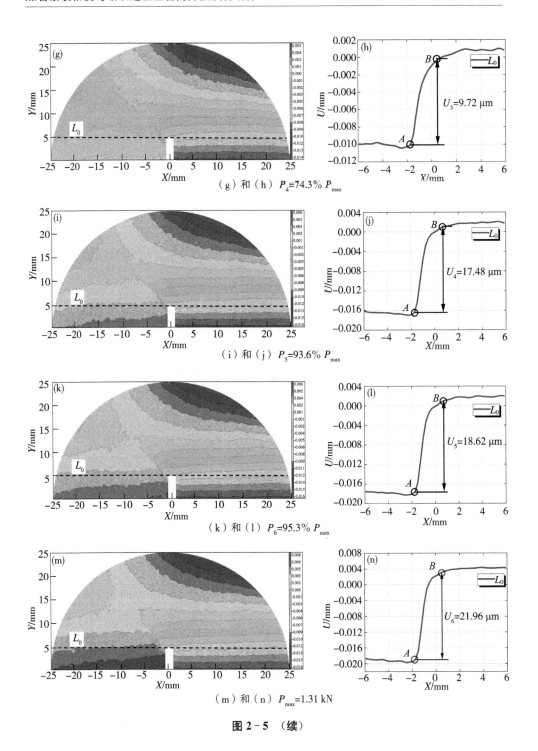

（g）和（h）$P_4 = 74.3\% \ P_{max}$

（i）和（j）$P_5 = 93.6\% \ P_{max}$

（k）和（l）$P_6 = 95.3\% \ P_{max}$

（m）和（n）$P_{max} = 1.31 \ \text{kN}$

图 2-5 （续）

当载荷增大至 $93.6\% P_{max}$ 时,试样逐步接近塑性屈服,且载荷-位移曲线斜率不断增加(图 2-2),跳跃点间的水平位移差值达 $17.48~\mu m$,裂尖附近煤基质发生错动且达到一定张开幅度,断裂过程区逐步形成。为进一步探究该阶段断裂过程区孕育情况,在 L_0 测线($Y=5~mm$)基础上,补充测线 L_1($Y=10~mm$)和 L_2($Y=14~mm$),得到水平位移云图和对应曲线,如图 2-6(a)和图 2-6(c)所示。L_0、L_1

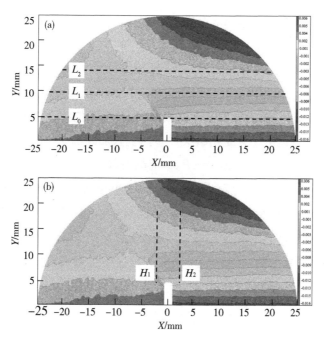

（a）和（b）　水平方向和竖直方向测线

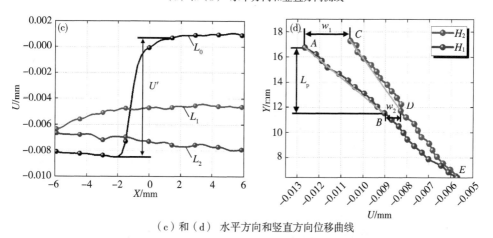

（c）和（d）　水平方向和竖直方向位移曲线

图 2-6　不同测线在 $93.6\% P_{max}$ 处的位移云图和测线结果

测线水平位移在裂尖附近跳跃明显,且 L_1 测线水平位移跳跃量较 L_0 测线低,L_2 测线水平位移也发生了一定的变化,但没有明显的跳跃点,说明 L_2 测线所在位置处于弹性变形范围,其断裂过程区长度在 L_2 测线($Y=14$ mm)与 L_0 测线($Y=5$ mm)范围之内。断裂过程区由裂尖 L_0 测线到 L_2 测线逐步形成,其水平位移跳跃量逐渐减少。

此外,在裂尖左右两侧 2 mm 各布置竖直测线 H_1、H_2[图 2-6(b)],可得其水平位移(U)沿竖直方向(Y)的变化情况,如图 2-6(d)所示。可以看出,从 A 点($Y=16.7$ mm)至 B 点($Y=11.5$ mm),张开位移从 w_1(2 μm)逐步减小至 w_2(0.8 μm),且 $A-B$ 范围内水平位移变化相对较大。从而可确定断裂过程区的长度为 $L_p=5.2$ mm。沿 $B-E$ 和 $D-E$ 方向,相对张开位移逐渐减小,为弹性变形区域,说明断裂过程区的孕育是由裂尖逐步向上方加载端演化的。

当载荷在 $93.6\%P_{max}$ 至 $95.3\%P_{max}$ 范围时,L_0 测线水平位移在裂尖附近跳跃加剧,如图 2-5(k)和图 2-5(l)所示,沿裂尖向 45°层理倾角方向水平位移在裂纹孕育路径上集聚,其跳跃点 A、B 的水平位移差值达 18.62 μm。在 P_{max} 载荷点,试样发生屈服破坏,L_0 测线水平位移差值达 21.96 μm。通过上述方法可依次确定其他层理角度煤样预制裂纹尖端断裂过程区孕育最大长度试验值,计算结果详见表 2-4。

表 2-4　试验和三种理论模型得到的 FPZ 长度的比较

层理角度/(°)	理论模型			试验值/mm
	Irwin-Bazant 模型	Strip-yield 均匀牵引模型	Strip-yield 线性牵引模型	
0	2.979	3.671	8.260	5.68
22.5	2.920	3.599	8.097	5.26
45	3.237	3.990	8.978	4.46
67.5	3.462	4.267	9.601	6.38
90	4.343	5.352	12.042	7.18
比值(0°/90°)	0.686			0.791

2.2.2.2　FPZ 长度的试验值和理论值

基于平面应力假设,根据广义胡克定律,弹性各向异性材料在平面上的应力-应变关系为:

$$\begin{bmatrix} \varepsilon_x \\ \varepsilon_y \\ 2\varepsilon_{xy} \end{bmatrix} = \begin{bmatrix} S_{11} & S_{12} & S_{16} \\ S_{21} & S_{22} & S_{26} \\ S_{61} & S_{62} & S_{66} \end{bmatrix} = \begin{bmatrix} \sigma_x \\ \sigma_y \\ \tau_{xy} \end{bmatrix} \tag{2-4}$$

式中, $S_{ij}(i,j-1,2,6)$ 为柔度矩阵的分量。 I 型载荷作用下裂纹尖端附近应力场如下[164]:

$$\sigma_x = \frac{K_I}{\sqrt{2\pi r}}\Re\left[\frac{\mu_1 \mu_2}{\mu_1 - \mu_2}\left(\frac{\mu_2}{\sqrt{\cos\varphi + \mu_2\sin\varphi}} - \frac{\mu_1}{\sqrt{\cos\varphi + \mu_1\sin\varphi}}\right)\right]$$

$$\sigma_y = \frac{K_I}{\sqrt{2\pi r}}\Re\left[\frac{1}{\mu_1 - \mu_2}\left(\frac{\mu_1}{\sqrt{\cos\varphi + \mu_2\sin\varphi}} - \frac{\mu_2}{\sqrt{\cos\varphi + \mu_1\sin\varphi}}\right)\right] \tag{2-5}$$

$$\tau_{xy} = \frac{K_I}{\sqrt{2\pi r}}\Re\left[\frac{\mu_1 \mu_2}{\mu_1 - \mu_2}\left(\frac{1}{\sqrt{\cos\varphi + \mu_1\sin\varphi}} - \frac{1}{\sqrt{\cos\varphi + \mu_2\sin\varphi}}\right)\right]$$

式中, r 和 φ 为裂纹尖端局部坐标系中尖端附近点的极坐标; $\Re$ 为复数的实部; μ_1 和 μ_2 为特征方程的根,与柔度矩阵的分量有关:

$$S_{11}\mu^4 - 2S_{16}\mu^3 + (2S_{12} + S_{66})\mu^2 - 2S_{26}\mu + S_{22} = 0 \tag{2-6}$$

该特征方程总有复数根或纯虚根,在共轭对中表现为 μ_1、$\overline{\mu_1}$ 和 μ_2、$\overline{\mu_2}$。 考虑沿裂纹韧带的应力变化($\varphi = 0$):

$$\begin{cases} \sigma_x = \dfrac{K_I}{\sqrt{2\pi r}}\Re(-\mu_1 \mu_2) \\[2mm] \sigma_y = \dfrac{K_I}{\sqrt{2\pi r}} \\[2mm] \tau_{xy} = 0 \end{cases} \tag{2-7}$$

由式(2-7)可知,一方面,沿此路径剪切应力为零,应力分量 σ_y 与材料性质无关。另一方面,根据 G. C. Sih 等[164]的解,在无限各向异性介质中,当远场应力 σ 垂直于中心裂纹时,其应力强度因子由 $K_I = \sigma\sqrt{\pi a}$ 可得。该式与各向同性材料的公式相同,表明对于中心裂纹,各向异性介质材料常数不影响沿裂纹韧带的 σ_y。

在 I 型加载条件下,评估材料断裂过程区的长度主要有三种理论模型:Irwin-Bazant 模型、Strip-yield 均匀牵引模型和 Strip-yield 线性牵引模型[162]。三种不同的内聚牵引力沿 FPZ 的分布情况如图 2-7 所示。

以上模型均采用沿裂纹韧带方向的应力分量 σ_y 估算非弹性区。根据式(2-7),该应力分量不受材料常数的影响,因此上述模型可推广至各向异性材料。由于对小尺寸岩石试样断裂过程区的理论求解相对困难,对此 G. R. Irwin[165]通过将沿裂纹面的法向应力等同于屈服应力来估计断裂过程区大小,并考虑沿裂纹面的应力重新分布,得出断裂过程区的长度理论求解式:

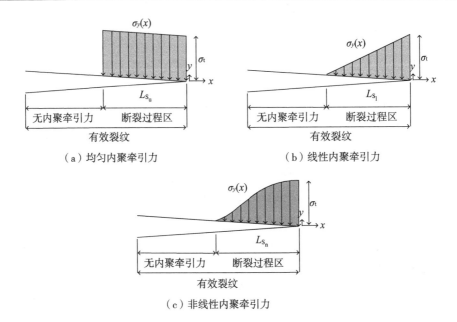

（a）均匀内聚牵引力　　　　　　　　　（b）线性内聚牵引力

（c）非线性内聚牵引力

图 2-7　三种模型的示意图：内聚牵引力沿 FPZ 的均匀分布、线性分布和非线性分布

$$L_{\mathrm{I}}^{P} = (K_{\mathrm{I}}/\sigma_{\mathrm{u}})^2/\pi \qquad (2-8)$$

式中，L_{I}^{P} 为断裂过程区的长度；K_{I} 为 I 型应力强度因子；σ_{u} 为屈服强度。

Strip-yield 均匀牵引模型由 I. Barenblatt[166] 和 S. Dugdale[167] 提出，该模型将裂纹尖端前的非弹性区视为延伸至非弹性区末端的较大裂纹的一部分，并在其边界处施加均匀的内聚牵引应力（等于屈服强度）。该方法利用叠加原理给出了消除应力奇异性的非弹性区近似表达式：

$$L_{\mathrm{S}}^{P} = \pi(K_{\mathrm{I}}/\sigma_{\mathrm{u}})^2/8 \qquad (2-9)$$

N. Dutler 等[162]研究表明，对于脆性材料，可以近似使用抗拉强度 σ_{t} 代替屈服强度 σ_{u} 来估计 FPZ 的尺寸。基于 Irwin-Bazant 模型和 Strip-yield 模型，充分发育的 FPZ 在断裂扩展开始时（$K_{\mathrm{I}} = K_{\mathrm{IC}}$）的尺寸可由 $L_{\mathrm{I}} = (K_{\mathrm{IC}}/\sigma_{\mathrm{t}})^2/\pi$ 和 $L_{\mathrm{S}} = \pi(K_{\mathrm{IC}}/\sigma_{\mathrm{t}})^2/8$ 求得。

以上估计假设沿 FPZ 的长度施加均匀的应力，因此它们不能给出非常准确的 FPZ 区长度的预测，因为在准脆性材料中，非弹性变形具有微损伤而不是塑性的性质。J. F. Labuz 等[168]通过试验研究发现岩石类材料受载过程中靠近裂纹尖端的牵引力是线性减小的，因此修正了 Strip-yield 模型，以适应岩石材料 FPZ 内的微损伤区域，近似给出了更长的 FPZ 长度表达式，即：

$$L_{\mathrm{SL}} = 9\pi(K_{\mathrm{IC}}/\sigma_{\mathrm{t}})^2/32 \qquad (2-10)$$

表 2-4 给出了三种理论模型（Irwin-Bazant 模型、Strip-yield 均匀牵引模型和

Strip-yield 线性牵引模型)计算的不同层理角度煤样裂尖断裂过程区的长度以及与试验值的对比情况。其中,理论模型计算参数基于表 2-4 中断裂韧度和抗拉强度的平均值。可以看出,Irwin-Bazant 模型和 Strip-yield 均匀牵引模型计算的断裂过程区长度低于试验值,其误差范围分别在 27.41%～47.56% 和 10.54%～35.37%。而 Strip-yield 线性牵引模型计算所得值大于试验值,其误差范围在 45.42%～101.29%。试验得出的 FPZ 长度介于 Strip-yield 均匀牵引模型和 Strip-yield 线性牵引模型的预测值之间。在三种理论模型中,Strip-yield 均匀牵引模型计算的断裂过程区长度最接近试验值,表明无烟煤试样裂纹尖端内聚力分布形态更加趋于均匀。

为了对比断裂过程区的各向异性特征,采用 0° 和 90° 层理角度煤样的断裂过程区理论值和试验值,根据下式计算两个层理角度的各向异性比:

$$\frac{L^{\theta=0^{\circ}}}{L^{\theta=90^{\circ}}}=\left(\frac{K_{\mathrm{IC}}^{\theta=0^{\circ}}}{K_{\mathrm{IC}}^{\theta=90^{\circ}}}\right)^2\times\left(\frac{\sigma_{\mathrm{t}}^{\theta=90^{\circ}}}{\sigma_{\mathrm{t}}^{\theta=0^{\circ}}}\right)^2 \tag{2-11}$$

通过代入两个层理角度试样的断裂韧度和抗拉强度实测值,可以预测两个主要方向上 FPZ 长度的比值,并与 FPZ 尺寸的试验结果进行对比:

$$\left(\frac{L^{\theta=0^{\circ}}}{L^{\theta=90^{\circ}}}\right)_{\mathrm{Model}}=0.686,\left(\frac{L^{\theta=0^{\circ}}}{L^{\theta=90^{\circ}}}\right)_{\mathrm{Experiment}}=0.791 \tag{2-12}$$

由式(2-12)可知,理论模型计算的两种不同层理角度试样的 FPZ 长度比与试验结果吻合较好。此外,理论和试验结果表明,无烟煤试样断裂过程区长度与断裂韧度与抗拉强度之比的平方成正比:$L\infty(K_{\mathrm{IC}}/\sigma_{\mathrm{t}})^2$。

2.2.2.3　基于声发射 FPZ 长度验证

为了对比验证 DICM 方法获取的 FPZ 范围,基于声发射参数分析了无烟煤试样在变形破坏过程中的微裂纹损伤演化特征,研究了试件在 Ⅰ 型加载模式下的断裂过程区孕育过程[169]。图 2-8 展示了 F-3-1 煤样的时间-载荷-声发射振铃计数以及加载全程声发射事件源与能量分布。在 P_1(4.7%$P_{\max}$)载荷时刻,无烟煤试样内原生微裂隙和孔隙被压密,该阶段振铃计数不明显,这与前述 DICM 反映的结论基本一致,说明断裂过程区还未形成。在 P_2～P_4 载荷点,载荷在 26.3%$P_{\max}$ 至 74.3%$P_{\max}$ 范围内,振铃计数不断增多且呈一定密集分布,声发射定位点沿着预制裂纹尖端向层理倾角方向偏移,断裂过程区逐渐形成,预制裂纹尖端附近的声发射信号逐步成为主导,振铃计数及声发射事件源分布如图 2-8(a)和图 2-8(c)所示。在 P_4～P_5 载荷点,载荷在 74.3%$P_{\max}$ 至 93.6%$P_{\max}$ 范围内,载荷曲线斜率不断增大,试样逐步接近塑性屈服。振铃计数及声发射定位点增加更为明显,密集程度进一步增大,说明试样内部微裂纹大量形成、贯通并得到一定程度的扩展,断裂过程区得到充分孕育。P_5 载荷时试样裂尖韧带区和上端加载点附近声发射定位点明显增多，如图 2-8(c)所示。在 $93.6\%P_{max}\sim P_{max}$ 载荷点，载荷进一步增大，试样进入塑性屈服并破坏，振铃计数和声发射定位点急剧增加。基于 DICM 水平位移云图（图 2-5），在 P_2 时刻裂纹明显产生，而 AE 监测显示 P_2 时刻 AE 信号开始呈现密集趋势，表明两者监测裂纹起裂时刻较为吻合。

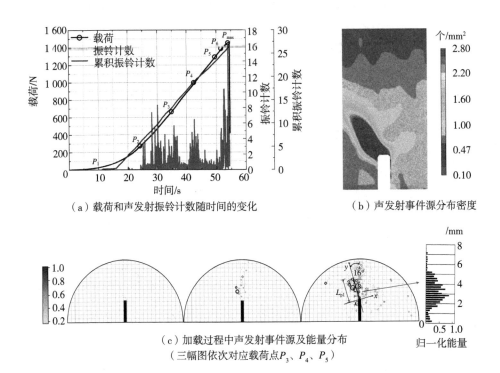

（a）载荷和声发射振铃计数随时间的变化

（b）声发射事件源分布密度

（c）加载过程中声发射事件源及能量分布
（三幅图依次对应载荷点 P_3、P_4、P_5）

图 2-8　整个加载过程中振铃计数、累计振铃计数和声发射事件与能量的局部化分布

以往相关研究表明，只有同时满足声发射事件源分布密度与能量要求的区域才定义为断裂过程区，断裂过程区内声发射能量约占声发射总能量的 90% 以上[170]。如图 2-8(c)P_5 载荷点所示，以预制裂纹尖端为起点建立坐标系，通过声发射事件源分布路径上能量演化情况确定断裂过程区的范围。其中，一些能量较高的定位点不在裂纹尖端附近，且其周围定位点分布稀疏，这些定位点不属于断裂过程区[171]。通过对声发射定位点分布情况进行统计，获得事件源分布密度 [图 2-8(b)]大于 1.5 个/mm² 区域内（该区域内声发射能量约占声发射总能量的 90% 以上）对应的声发射能量分布[见图 2-8(c)中归一化能量]。由归一化能量可知，裂纹尖端(0.2 mm)附近声发射能量出现突变，大小为 0.25 左右。沿 y 轴往上，声发射能量在 2.9 mm 处突增至 0.8 左右，然后下降。在 4.0~5.1 mm 时维

持在 0.25~0.45 范围内,超过 5.1 mm 后声发射能量突降并维持在 0.1 水平。

断裂过程区的形成可以看作是岩石或准脆性材料中微裂纹产生、扩展和合并的过程,以上煤岩受载时所释放的能量可视为耗散于断裂过程区中的能量,因此断裂过程区内部的声发射事件能量比外部的能量高[170]。傅帅旸等[171]研究发现,在断裂过程区内部会存在高能量突变至低能量的现象,但低能量并不能维持,这样的突变处并不是断裂过程区边界。而在断裂过程区范围之外,声发射事件数量与能量都较低,低能量可以维持。根据以上分析,结合声发射事件源分布密度与归一化能量图可认为断裂过程区长度范围为裂纹尖端到低能量维持区域(5.1 mm)。综上所述,可得断裂过程区长度 $L_{p1}=5.1$ mm,与数字图像法 DICM 对断裂过程区确定的长度 $L_p=5.2$ mm 基本一致。

2.2.3 FPZ 孕育中剪切-拉伸变形时序规律

通过在预制裂纹尖端布设测线可掌握 DICM 中水平张开位移和垂直错动位移相关信息,进而了解断裂过程区的演化模式。然而受无烟煤非均质性和层理各向异性影响,试样中断裂过程区扩展并非沿垂直方向,因此采用在预制裂纹尖端建立水平和垂直直角坐标系存在一定误差。此外,在裂纹尖端布设测线方法只能提取某一时刻位移场变化信息,无法分析某监测点位移随时间的变化情况,亦无法判别局部煤基质的剪切和拉伸变形情况。因此,采用 Y. X. Zhao 等[172]提出的方法在裂尖建立局部坐标系,即在断裂过程区两侧靠近裂纹尖端位置分别布置两个监测点(如图 2-9 中Ⅰ、Ⅱ)。以监测点Ⅰ为局部坐标系原点,y_1 轴沿断裂过程区扩展演化切线方向,x_1 轴为断裂过程区扩

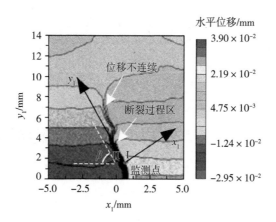

图 2-9 试样位移场云图以及监测点Ⅰ和Ⅱ的布置方式

展法线方向，β 为 y_1 轴与水平方向的夹角。其中，经坐标转换后水平位移场和垂直位移场如式（2-13）和式（2-14）所示。

$$u_1 = u\sin\beta + v\cos\beta \qquad (2-13)$$

$$v_1 = -u\cos\beta + v\sin\beta \qquad (2-14)$$

图 2-10 为不同层理角度无烟煤裂纹尖端监测点 Ⅰ 和 Ⅱ 的位移场演化过程。以层理角度 0° 煤样为例，通过图 2-10(a) 和图 2-10(b) 可知，在初始加载阶段，水平位移和垂直位移均为正值。它们始终重叠，没有分离，表明试样内部微裂纹和孔隙处于压密阶段。此时 FPZ 尚未发育，试样表面未出现宏观裂纹。随后，两监测点水平位移开始分离，分别沿 x_1 轴正负方向不断增大，表明监测点煤基质发生明显的拉伸变形。在 $t = 17.65$ s（$21.71\% P_{\max}$）时，两监测点水平位移出现显著分离，表明煤样表面拉伸裂纹已萌生。

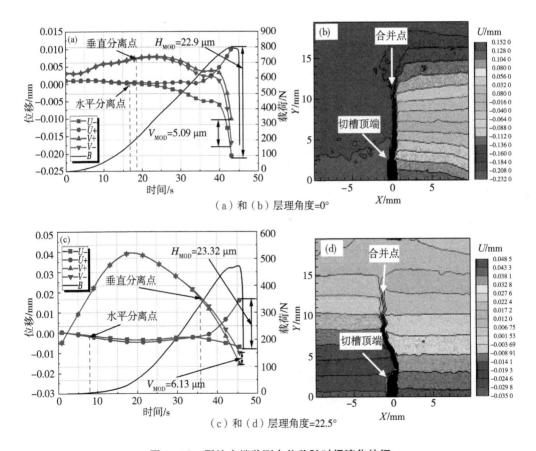

（a）和（b）层理角度=0°

（c）和（d）层理角度=22.5°

图 2-10　裂纹尖端监测点位移随时间演化特征

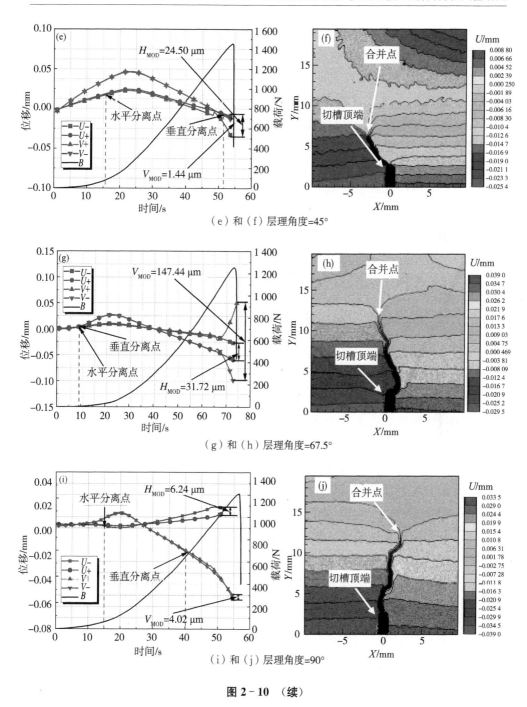

（e）和（f）层理角度=45°

（g）和（h）层理角度=67.5°

（i）和（j）层理角度=90°

图 2‑10　（续）

此后，相对拉伸位移量随载荷增加而不断增大，并在峰值载荷时达到最大值（22.9 μm），且沿 x_1 轴负方向变形量大于正方向变形量，表明拉伸位移场演化整

体向 x_1 轴负方向倾斜。两监测点在试样裂纹迹线两侧变形的不对称性反映了无烟煤自身的非均质性。随着载荷的增加,剪切位移先整体向 y_1 轴正方向增大,然后向负方向转变。两监测点垂直位移相对分离始于 $t=18.55$ s($26.74\%P_{max}$),此时试样预制裂纹底部发生剪切错动,峰值载荷时刻垂直相对位移达到最大值($5.09~\mu m$)。最大相对拉伸位移量约为最大相对剪切位移量的 4.5 倍,表明拉伸变形是该试样中裂纹扩展的主要形式。

5 种不同层理角度($0°,22.5°,45°,67.5°$ 和 $90°$)无烟煤试样的最大拉伸位移与最大剪切位移之比分别为 $4.50,3.80,17.01,0.22$ 和 1.55。除层理角度为 $67.5°$ 试样外,其余煤样比值均大于 1,其中层理角度 $45°$ 煤样比值最大。整体而言,无烟煤预制裂纹尖端以拉伸变形为主,剪切变形为辅。拉伸变形范围分布于 $(27.71\%\sim57.26\%)P_{max}$,剪切变形范围分布于 $(72.88\%\sim92.4\%)P_{max}$,裂纹尖端的拉伸变形发生时刻优先于剪切变形。

2.2.4 煤样破断后裂纹迹线特征

通过分析无烟煤试样破坏后的裂纹迹线特征,可进一步掌握层理倾角对煤样破断过程的影响。图 2-11 为不同层理角度煤样破断后前后端面裂纹迹线特征图。对试样前后端面的裂纹迹线进行素描,通过采用 Image J 图像处理软件,可定量计算裂纹迹线的最大偏移距离、弯折距离、裂纹长度和分形维数四个指标。其中,最大偏移距离为裂纹迹线与连接其起点和终点的直线之间最大距离。弯折距离为 NSCB 试样上方加载点与裂纹迹线终点之间的距离。裂纹长度和分形维数的计算参考以往笔者针对 NSCB 忻州窑煤样的计算方法确定[18]。可以看出,$45°$ 层理角度煤样最大偏移距离最长,为 2.664 mm,但弯折距离较短,分别为 0.615 mm 和 2.279 mm,表明在裂纹扩展过程中与起裂方向有较大偏离,这主要是由于层理弱面引起的各向异性所致。通过对比不同层理角度煤样最大偏移距离,发现试样中裂纹的整体偏移距离范围为 $0.744\sim2.664$ mm,且正反面裂纹迹线的几何特征差异较大,如层理角度 $22.5°$ 和 $90°$ 的试样,正反面裂纹最大偏移距离差异比约为两倍关系。

本研究也可用于验证 M. D. Kuruppu[173]所述Ⅰ型断裂韧度测试条件的有效性,即若裂纹迹线偏离预制切槽平面超过 $0.05D$(本研究为 2.5 mm),则断裂测试无效,测试值不能准确反映Ⅰ型断裂韧性。层理角度为 $22.5°,45°$ 和 $67.5°$ 无烟煤试样弯折距离为 $2.279\sim7.458$ mm,表明存在Ⅰ/Ⅱ复合断裂可能性。其中,$22.5°$ 层理倾角试样的裂纹弯折距离最大,其裂纹终端距加载点最远。所有试样裂纹长度范围为 $20.087\sim23.811$ mm,分形维数为 $1.013\sim1.252$。

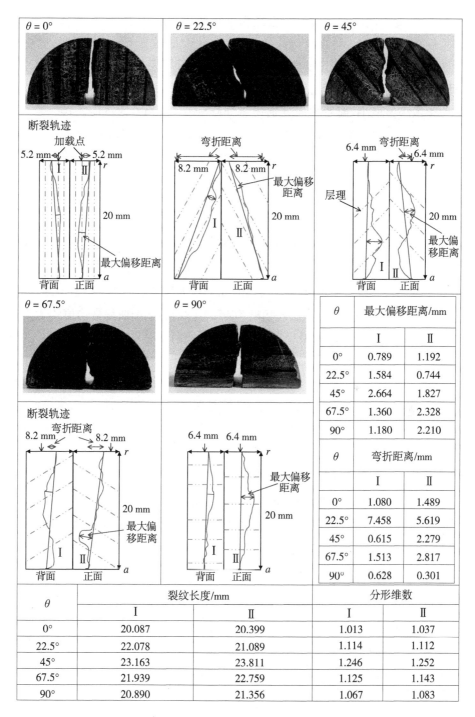

图2-11　不同层理角度煤样的断裂面分析

θ	最大偏移距离/mm	
	I	II
0°	0.789	1.192
22.5°	1.584	0.744
45°	2.664	1.827
67.5°	1.360	2.328
90°	1.180	2.210

θ	弯折距离/mm	
	I	II
0°	1.080	1.489
22.5°	7.458	5.619
45°	0.615	2.279
67.5°	1.513	2.817
90°	0.628	0.301

θ	裂纹长度/mm		分形维数	
	I	II	I	II
0°	20.087	20.399	1.013	1.037
22.5°	22.078	21.089	1.114	1.112
45°	23.163	23.811	1.246	1.252
67.5°	21.939	22.759	1.125	1.143
90°	20.890	21.356	1.067	1.083

表 2-5 为不同层理角度煤样破断后前后端面裂纹扩展轨迹的曲率。Kappa 曲率测量软件可定量计算裂纹迹线的曲率,曲率越大,表示裂纹的弯折程度越大。前后端面曲率最大值呈现先增大后减小的趋势,在层理角度为 45°时曲率最大值最大,此时前后端面曲率最大值分别为 2 117.125 mm^{-1}、2 338.330 mm^{-1}。22.5°试样的曲率最小值最小,前后端面分别为 1.900×10^{-3} mm^{-1}、2.110×10^{-3} mm^{-1}。曲率平均值呈现出先增大后减小的趋势,层理角度为 0°的试样前后端面裂纹迹线的曲率平均值分别为 36.926 mm^{-1}、28.935 mm^{-1},均为 5 种层理角度中的最小值。此时试样的断裂面较为平直,主裂纹沿层理方向扩展。在层理角度为 22.5°时,前后端面裂纹迹线曲率平均值增大,约为 0°时的 1.435 倍和 2.246 倍。此时前后端面曲率平均值的差值在 5 种层理角度中最大,差值达到 12.021 mm^{-1}。曲率平均值在层理角度为 45°时达到 5 种层理角度中的最大值,前后端面分别为 137.564 mm^{-1}、132.883 mm^{-1}。此外,前后端面曲率平均值的最大值(层理角度为 45°时)约为最小值(层理角度为 0°时)的 3.725 倍和 4.592 倍。随着层理角度的增大,曲率平均值逐渐减小,在层理角度为 67.5°时前后端面曲率平均值约为 45°时的 97.717%、96.801%,两种层理角度下裂纹迹线曲率平均值的差值较小。值得注意的是当层理角度为 90°时前后端面曲率平均值的差值最小,差值为 4.024 mm^{-1}。45°层理煤样的曲率最大,表明其裂纹扩展轨迹最为弯曲,这与以往研究报道的各向异性页岩和大同煤样的裂纹扩展特征一致[172]。

值得注意的是,不同层理角度无烟煤试样的前后端面裂纹几何特征存在一定程度差异性,反映了无烟煤材料的非均质特性,导致其裂纹扩展轨迹与以往研究的玻璃、PMMA 树脂等均质材料有明显不同[174]。

表 2-5　不同层理角度煤样前后端面裂纹迹线曲率分析

层理角度/(°)	曲率最大值/mm^{-1}		曲率最小值/mm^{-1}		曲率平均值/mm^{-1}	
	Ⅰ	Ⅱ	Ⅰ	Ⅱ	Ⅰ	Ⅱ
0	173.192	242.480	5.700×10^{-3}	3.000×10^{-3}	28.935	36.926
22.5	285.203	287.356	2.110×10^{-3}	1.900×10^{-3}	64.998	52.977
45	2 338.330	2 117.125	9.510×10^{-3}	4.420×10^{-3}	132.883	137.564
67.5	1 300.180	1 265.861	1.400×10^{-2}	4.070×10^{-2}	128.632	134.423
90	705.571	729.793	2.960×10^{-3}	2.560×10^{-3}	98.354	102.378

2.3　讨论

2.3.1　各向异性无烟煤试样 FPZ 形态

为了全面比较不同层理角度无烟煤试样的断裂过程区几何特征,选取预制裂纹尖端附近 18 mm×18 mm 范围作为感兴趣区域(ROI)进行讨论。表 2-6 为 $30\%P_{max}$、$50\%P_{max}$、$70\%P_{max}$、$90\%P_{max}$ 和 $100\%P_{max}$ 应力状态下预制裂纹尖端周围的拉伸应变、剪切应变、水平位移和垂直位移云图。以层理角度 0°的 NSCB 无烟煤试样为例,第一行、第二行为不同加载状态下的拉伸应变和剪切应变云图。第三行和第四行为水平位移和垂直位移云图。

表 2-6　不同层理角度和应力条件下无烟煤试样裂纹尖端应变场和位移场的演化特征

层理角度	不同应力状态下的拉伸应变、剪切应变、水平位移和垂直位移云图				
	$30\%P_{max}$	$50\%P_{max}$	$70\%P_{max}$	$90\%P_{max}$	$100\%P_{max}$
0°					

表2-6（续）

层理角度	不同应力状态下的拉伸应变、剪切应变、水平位移和垂直位移云图				
	$30\%P_{max}$	$50\%P_{max}$	$70\%P_{max}$	$90\%P_{max}$	$100\%P_{max}$
45°					
90°					

可以看出,煤样的 FPZ 随载荷水平的增加而持续增大。在 $30\%P_{max}$、$50\%P_{max}$、$70\%P_{max}$ 和 $90\%P_{max}$ 载荷下,拉伸应变集中区长度分别为 2.477 mm、3.562 mm、4.904 mm 和 5.792 mm,增幅依次为 43.80%、37.68% 和 18.11%。根据文献[162],拉伸应变集中区的长度等同于 FPZ 的长度。上述数据表明,随着载荷水平的升高,拉伸应变集中区的增长率趋于减小。该区域反映了在主裂纹扩展路径周围煤基体中拉伸微裂纹的萌生和发展。进一步分析不同加载水平下应变集中区扩展过程中的偏转角(应变集中区首尾连线与水平面间的夹角)依次为 88.82°、91.11°、93.49° 和 93.78°。表明当层理角度为 0° 时,无烟煤试样的主裂纹扩展轨迹并非完全直角,偏转角随载荷水平的增加而增大。该结果反映了无烟煤本身的非均质性,也说明在压裂过程中,若载荷沿层理弱面方向,煤样内形成的断裂过程区偏转有动态增大的趋势。达到峰值载荷后,煤样表面出现明显的宏观贯通裂缝,其拉伸位移继续增大,最终超出 DICM 的分析范围,导致局部出现空白区域。试样的主裂纹扩展轨迹始终沿最大拉伸应变区域,验证了 I 型断裂模式的有效性和 DICM 分析系统的精度。

分析剪切应变场(第二行)的演化过程,可以发现在载荷水平达到 $50\%P_{max}$ 之前,剪切应变分散性较广,没有形成明显的集中区域。然而,当载荷水平上升到 $70\%P_{max}$ 时,较为明显的剪切应变集中区域开始萌生,但面积很小。该观测结果与图 2-6 的结论一致,证实了拉应变先于剪切应变出现,且集中区域更大。从水平位移场和垂直位移场(第三行和第四行)可以看出,在加载过程中,裂纹尖端附近的位移等值线逐渐呈现不连续特征。从水平位移场可以更清楚地分辨出弹性区范围及其演化过程。通过对不同层理角度的无烟煤试样进行对比发现,随着载荷的增加,拉伸应变集中区均呈增大趋势。此外,45° 层理角度煤样的起裂方向偏转角度最大,为 133.92°,其 FPZ 演化受层理弱面影响最为显著。

图 2-12 展示了随载荷不断增大不同层理角度无烟煤试样的断裂过程区的变化趋势。可以看出,各层理角度的无烟煤样的 FPZ 面积随载荷水平的增大而不断增加,表明应变集中区和 FPZ 随载荷不断增加而逐步发育扩展。值得注意的是,在 30%～50% 峰值载荷时,FPZ 面积平均增大了 137.02%;在 50%～70% 峰值载荷时,FPZ 面积平均增大了 70.94%;在 70%～90% 峰值载荷时,FPZ 面积平均增大了 9.80%;在 90%～100% 峰值载荷时,FPZ 面积平均增大了 7.85%。由此看出,虽然监测的载荷增量为 20%,但 FPZ 面积平均增大值越来越小,增大幅值最高时为 50% 峰值载荷前后,且层理角度为 22.5°、45° 和 67.5° 试样的增长幅度为所有试样中最高。这从试验角度说明了无烟煤在压裂过程中非弹性区和 FPZ 区域发育最快速的时期为峰值载荷的一半附近。

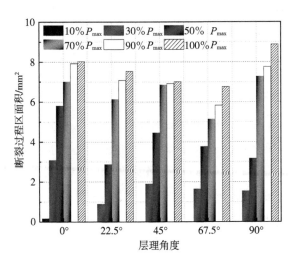

图 2-12　不同层理角度煤样 FPZ 面积的变化趋势

　　图 2-13 给出了三种典型层理角度无烟煤样中基于三种应变场分量的局部化和位移场跳跃识别的 FPZ 宽度的方法。结果表明基于应变和位移反映的 FPZ 宽度具有较好的一致性。三种应变分量在过程区都表现出明显的局部化特征。其中,正交于预制裂纹平面的应变 E_{xx} 的数量级高于其他两个应变分量。FPZ 的宽度是通过三种层理角度试样在 70% 峰值载荷时的平均区域求取的。

　　根据图 2-13 中位移场指标 U 可得,层理角度为 0°、45°和 90°试样加载方向位移分别为 7.70×10^{-3} mm、5.84×10^{-3} mm、6.82×10^{-3} mm。根据图 2-13 中 E_{xx} 的云图,可以看出 50%～70%加载阶段时应变超过临界值。该结论和以往关于准脆性材料的非弹性变形产生于 60%～70%载荷水平的结论一致。此外,可以看出,层理角度为 0°和 45°的试样在峰前载荷 90%时,应变局部化的转折点和位移跳跃现象更为明显。而 90°层理角度试样的突变点在 95%载荷附近。

　　图 2-14 至图 2-16 分别展示了层理角度为 0°、45°和 90°无烟煤试样预制裂纹尖端最大主应变的变化情况。图中选取应变集中区最尖端的位置作为极坐标原点,沿着原点每隔 30°布设 1 条监测线,一共布设 12 条监测线。每条监测线上平均划分 200 个测点,每条测线长度为 6 mm,测点间隔 0.03 mm。通过最大主应变的集中化区域能够很好地显示和界定非弹性区和 FPZ 的范围(长度和宽度)和形态。这三种层理角度试样接近 FPZ 中心区域的最大主应变分别高达 7×10^{-3}、5×10^{-3} 和 0.85×10^{-3}。可以看出,加载方向与裂纹平面一致的条件下,试样中最大主应变最大,而加载方向与裂纹平面垂直的条件下,试样中最大主应变值最小。该结果表明无烟煤试样中非弹性区中最大主应变具有明显的各向异性。就三种层理角度

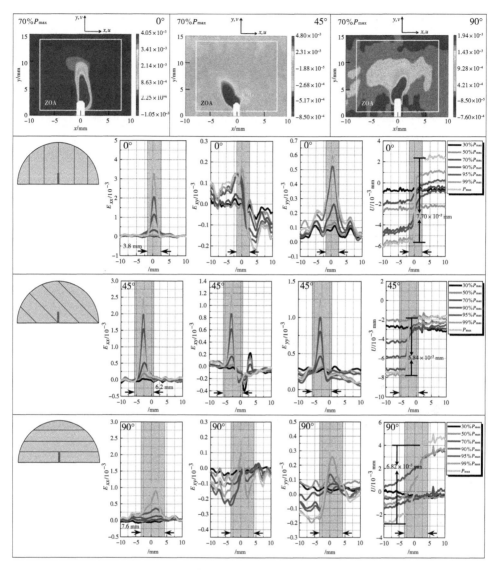

图 2-13 基于 3 个应变分量 E_{xx}、E_{xy}、E_{yy} 的断裂过程区计算

试样中测线的应变值分布来看,前两种(图 2-14 和图 2-15)测线监测值呈洋葱切割后的纹理分布,而层理角度为 90°试样的最大主应变监测值大部分角度中呈波动无序分布,且随载荷水平增加不同角度测线中应变值增幅差异较大,如 180°测线中应变值增幅较大,而 -30°测线中应变值增幅很小,-120°测线中应变值增幅居于前两者中间。表明,沿无烟煤试样的 FPZ 中心区域向各个方向发散的角度上,应变值增幅梯度并不相同,这主要源于无烟煤试样的非均质性。

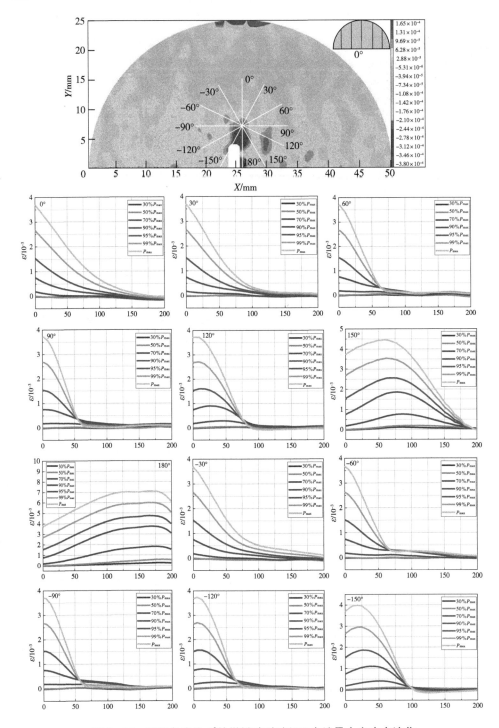

图 2-14　层理角度为 0°的煤样破裂过程区尖端最大主应变演化

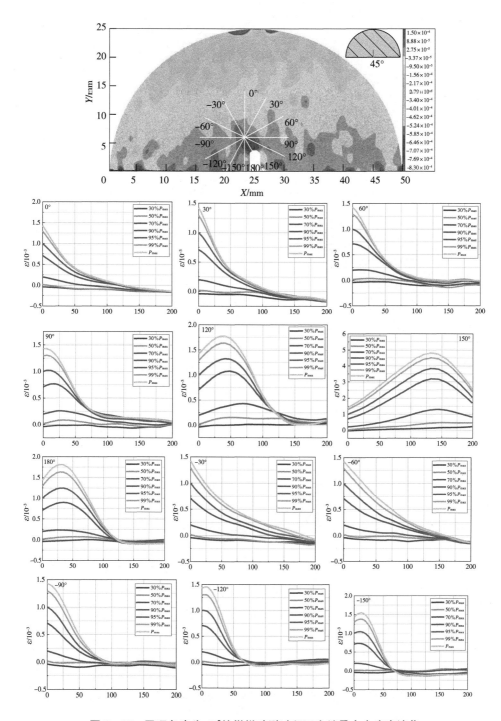

图 2－15　层理角度为 45°的煤样破裂过程区尖端最大主应变演化

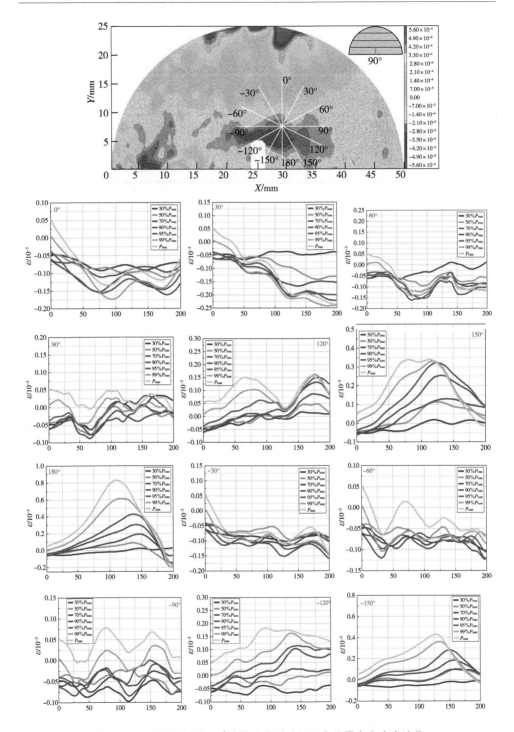

图 2-16　层理角度为 90°的煤样破裂过程区尖端最大主应变演化

　　结合表 2-6 中所示不同层理角度煤样的 FPZ 形态演化过程可以看出,随着载荷水平的不断增大,FPZ 最终形态呈半椭圆形。这也印证了大多数试验所得出的准脆性材料的过程区呈带状(半椭圆形)分布,且该结论与 R. A. Schmidt[175] 提出的蝴蝶形状 FPZ 差异较大。但受层理倾角影响,FPZ 的扩展方向并非完全沿竖直方向,而是沿着层理面呈一定倾斜角度孕育演化。此外,当载荷水平较低时(如 $30\%P_{max}\sim70\%P_{max}$),90°试样的 FPZ 并未形成完整的半椭圆形,而是呈扁平状的非弹性过程区。表明三点加载中上方加载点处施加的载荷还未能使试样形成贯通主裂纹,试样中微裂纹和非弹性区沿着裂尖周围呈散乱无序分布。层理角度为 90° 试样的应变集中区首先沿层理面方向呈近似水平的横向发展,最后在三点弯拉作用下朝向上方加载点方向扩展演化。

　　图 2-17 对比了本次试验无烟煤试样的 FPZ 长度和宽度与以往文献所得结论的差异。N. Dutler 等[162] 采用各向异性花岗闪长岩,通过三点弯拉试验和 DICM 测试了 FPZ 的长度和宽度尺寸,认为 FPZ 长度与宽度之比近似为 2。A. Fakhimi 等[176] 采用大晶粒花岗岩(Rockville 花岗岩,平均晶粒尺寸为 10 mm)制作不同尺寸的中心切缝试件,进行三点弯曲试验。通过声发射记录 FPZ 尺寸,发现随着试样尺寸的增大,FPZ 的长度和宽度均增大。T. Backers 等[177] 使用不同颗粒尺寸(0.1 mm 和 0.5 mm)的砂岩试样测试得出了 FPZ 的长度和宽度。K. Otsuka 等[178] 采用对比介质 X 射线和三维声发射(AE)技术来研究混凝土 FPZ 的行为。以往试验结果认为 FPZ 长度与宽度之比在 2~6 之间。而本书针对无烟煤试样的测试结果表明其 FPZ 长度与宽度之比平均在 1 左右。此外,以往测试结果表明准

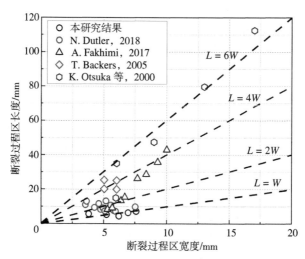

图 2-17　本研究结果与以往 4 类试验结果测试的 FPZ 长度和宽度对比

脆性材料的 FPZ 形状类似较窄的半椭圆形,而本书的无烟煤 FPZ 也类似该形状,但椭圆的长轴和短轴长度近似相等。

2.3.2 层理结构对无烟煤试样起裂和扩展的影响

根据最大周向拉应力理论,脆性断裂裂纹在垂直于该力的平面内扩展[51,179]。在裂纹萌生后,每一时刻都对应一个新的裂纹尖端,由于煤基质和层理的强度不同,随着层理角度的偏转,试样弹性对称轴发生了变化,导致新裂纹尖端的应力场环境复杂,如果新裂纹尖端扩展的应力大于层理面强度但小于煤基质强度,裂纹将沿着层理面扩展[180]。反之,当应力超过煤基质强度时,裂纹将穿过煤基质扩展。基于此,Y. X. Zhao 等[181]将 ASCB 试样的最终破坏模式分为两种基本形式,即顺层破坏和穿层破坏。顺层破坏时裂纹扩展路径总体沿着层理面,因此需要较低的载荷,形成较小的断裂韧度。然而,穿层破坏需要穿过强度更大的煤岩基质,这将需要更高的载荷,形成更大的断裂韧度。根据图 2-11 可知,当层理角度为 0°和 22.5°时,断裂轨迹基本沿着层理面;当层理角度为 45°、67.5°和 90°时,断裂轨迹穿透层理面。最终破坏模式与 Y. X. Zhao 等的研究结果基本一致,这也解释了图 2-4 中峰值载荷和断裂韧度与层理角度之间为正相关性的原因。因此,在含层理煤岩体开挖过程中,垂直层理($\theta = 0°$)煤岩体开挖更易导致煤岩体失稳,应尽量考虑层理结构的影响。以上关于原生层理构造引起各向异性对煤体稳定性控制可能较为不利,但却对增加煤岩体压裂的裂缝网络密度具有积极意义。

2.4 本章小结

(1) 随着层理角度增大,无烟煤试样的峰值载荷、峰值位移和断裂韧度均随之增加,表现出较强的各向异性特征。当加载方向与层理弱面平行时,断裂韧度最小;而当加载方向与层理弱面垂直时,断裂韧度最大。

(2) 理论模型计算的 0°和 90°层理角度无烟煤试样的 FPZ 长度比(0.686)与试验结果(0.791)吻合较好。理论和试验结果表明,无烟煤试样的 FPZ 长度和断裂韧度与抗拉强度之比的平方成正比,即 $L \propto (K_{IC}/\sigma_t)^2$。

(3) 无烟煤试样预制裂纹尖端以拉伸变形为主,剪切变形为辅。拉伸变形范围分布于 27.71% P_{max} ~ 57.26% P_{max},剪切变形范围分布于 72.88% P_{max} ~ 92.4% P_{max},裂纹尖端的拉伸位移发生时刻优先于剪切位移。

(4) 层理角度为 0°和 45°试样各环向测量线上的应变场分布呈类似洋葱切面

纹理分布特征,而层理角度为 90°试样的最大主应变监测值在大部分测量角度呈波动无序分布。无烟煤试样 FPZ 尖端各方向的发散测线上,应变增加梯度并不相同,这可能是由于无烟煤的非均质性导致。

第3章 酸碱环境下含层理煤
Ⅰ-Ⅱ型复合断裂力学特性研究

目前,煤层气化学侵蚀开采主要集中在水力和酸化压裂液对煤层渗透性、煤岩力学特性等方面的研究,很少涉及碱性压裂液对煤层气开采的影响。因此,本章开展了酸碱环境对含层理煤岩复合断裂特性研究,研究煤岩断裂特性对压裂过程中射孔角度的合理选择、揭示煤储层裂纹形成规律以及提高煤层气的抽采效率有着重要的指导意义和工程应用价值。

3.1 试样制备及试验方案

3.1.1 试样采集与加工

试验煤样取自陕西某煤矿。煤样全水为 11.6%,灰分为 5.22%,挥发分为 34.55%,固定碳为 57.77%,全硫为 0.23%。宏观煤岩类型为光亮-半亮型,且属于原生结构煤。煤样的密度为 1.29 g/cm³,单轴抗压强度为 19.37 MPa,弹性模量为 2.29 GPa。矿井原煤如图 3-1 所示。

图 3-1 矿井原煤

原煤需经历一系列加工工序才能得到试验所需煤样。首先用直径为 50 mm 的钻机进行煤样取芯操作。取芯过程完成后对煤样进行切割工序,将煤样切割为直径为 50 mm,厚度为 25 mm 的圆盘。接着,固定层理弱面,使层理弱面与加载方向分别呈现 0°、22.5°、45°、67.5°、90°的夹角。固定好层理角度后,沿着圆盘中心切割线切割出长 15 mm,宽 1.5 mm 的中心直切槽。按照国际岩石力学学会断裂韧度对试样I-II复合型断裂测试试样几何参数的建议,本次试验中,CSTBD 试样预制切槽长度 $a=15$ mm,预制切槽与加载方向呈 45°夹角。试样的几何尺寸如图 3-2 所示。

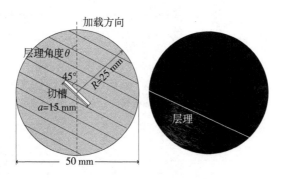

图 3-2　试样几何尺寸及层理角度设置

活性水压裂液是我国煤层气井开采过程中常用的压裂液,常用配方为清水加 0.5%KCL~2%KCL。HCL 溶液和 NaOH 溶液常用于水化学方面的研究,但两种溶液不同含量均会对煤储层产生影响,过低时水化学溶液对煤的孔隙结构影响不大,过高则会严重破坏煤的骨架和储层。因此,本书选用质量分数为 0.5% 的 KCL 溶液(中性溶液)、pH 值为 3 的 HCL 溶液(酸性溶液)和 pH 值为 10 的 NaOH 溶液(碱性溶液)作为试验煤样浸泡溶液。在煤样浸泡溶液前,首先将试样放入烘干箱中,烘干箱温度设置为 60℃用以避免温度过高对试样力学性质产生影响,烘干时间为 12 h。12 h 之后分别将煤样完全浸泡在给定化学溶液的容器内并用盖子密封,浸泡时间为 24 h。

3.1.2　试验方案

试样加载测试是由美国物理声学公司(PAC)生产 MTS C45.104 万能试验机和图像采集系统共同配合完成的。MTS C45.104 万能试验机常用于测试材料的拉伸、弯曲、压缩、剪切等力学性能。试验机主要由电机驱动装置和集成、数字闭环控制装置(集成在负荷框架中)组成,载荷加载方式可以选择力控、位移控制或应变控制。其中,载荷施加范围为 1 N~100 kN,试验速度可控制在 0.005~750 mm/min 之间。设备及放置方式如图 3-3 所示。

图 3-3 试样装载及测试系统

3.2 直切槽巴西圆盘煤岩力学特性分析

3.2.1 直切槽巴西圆盘(CSTBD)煤样载荷-位移曲线分析

图 3-4 为中性溶液环境下,不同层理角度煤样的载荷-位移曲线。图 3-5 为酸性溶液环境下,不同层理角度煤样的载荷-位移曲线。图 3-6 为碱性溶液环境下,不同层理角度煤样的载荷-位移曲线。

试验过程中每组层理角度煤样采取 3 个平行试样作为重复性试验。如试样编号 A-θ-n,其中 A 表示煤样浸泡溶液环境,中性溶液为 Ne,酸性溶液为 Ac,碱性溶液为 Al;θ 表示层理角度,取值范围为 1~5 分别表示层理角度为 0°、22.5°、45°、67.5°和 90°;n 表示平行试样编号,取值范围为 1~3。分析可知,不同层理角度煤样的载荷-位移曲线变化阶段大致相同,同一层理角度的 3 个平行试样之间的峰值载荷和峰值位移存在较大差异。出现上述差异的原因,可能是由于煤样的非均质性造成的。

由图 3-4 至图 3-6 分析可知,不同层理角度煤样的载荷-位移曲线变化阶段大致相同。加载初期,原生的孔洞、裂隙被压实,试样经历了比较短的压实阶段。

随着轴向位移的增加,载荷基本呈线性增加,进入了线弹性阶段。随着加载的持续,裂纹持续扩展,达到屈服阶段,如煤样 Ne-2-1。当载荷到达峰值点后出现峰后破坏阶段,此时载荷-位移曲线垂直跌落或呈阶梯状下降,如煤样 Ne-2-2

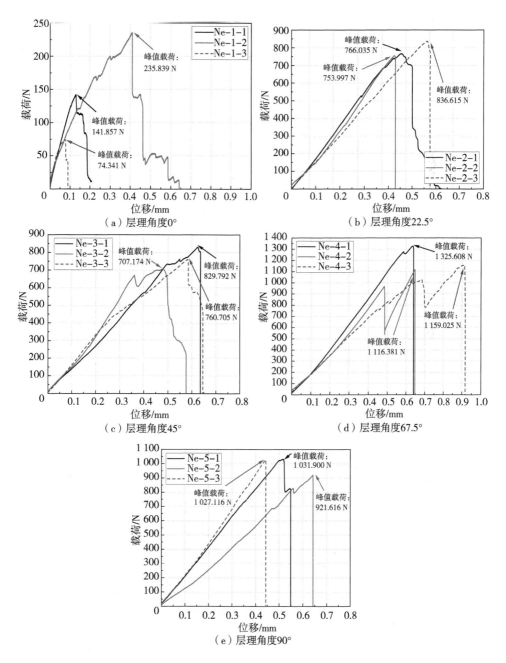

图3-4　中性溶液环境下不同层理角度煤样的载荷-位移曲线

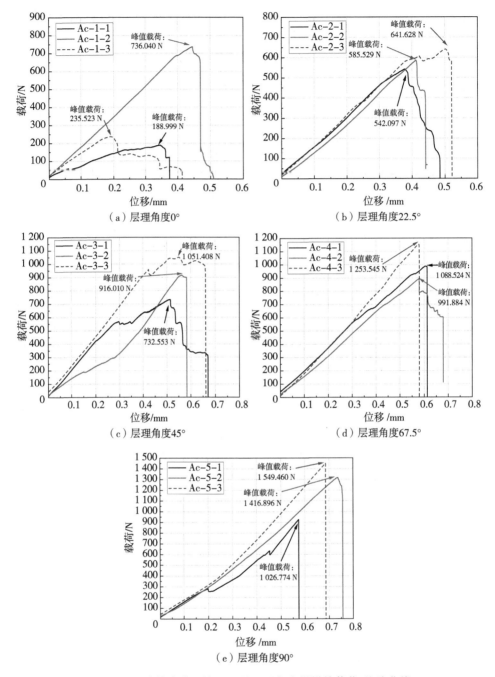

图 3-5 酸性溶液环境下不同层理角度煤样的载荷-位移曲线

和 Ac-4-2。需要特别注意的是,酸性组 $\theta=45°$ 试样峰前阶段出现明显的波动震荡。这可能是因为酸性溶液的侵蚀作用使得层理弱面和煤基质中的微裂缝和

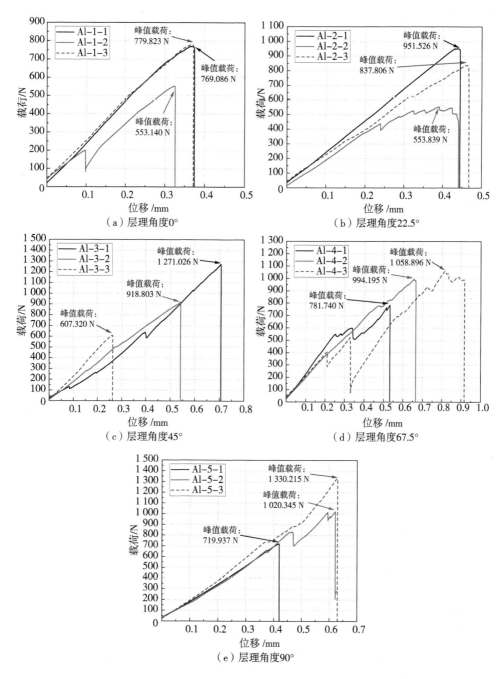

图3-6　碱性溶液环境下不同层理角度煤样的载荷-位移曲线

缺陷等不断扩展、闭合所致。此外,中性组 $\theta=0°$、45°和67.5°试样,酸性组 $\theta=90°$ 试样,碱性组 $\theta=0°$、45°、67.5°和90°试样的峰后曲线为垂直跌落。而中性组 $\theta=$

22.5°、90°试样,酸性组中 $\theta=0$°、22.5°、45° 和 67.5° 试样,碱性组中 $\theta=22.5$° 试样的峰后曲线呈现阶梯状的下降趋势。峰后属于能量释放阶段,曲线平缓甚至上升的位置代表积聚的应变能增加,表现出极大的非稳态释放特性。

不同溶液环境下含层理煤样典型载荷-位移曲线如图 3-7 所示。

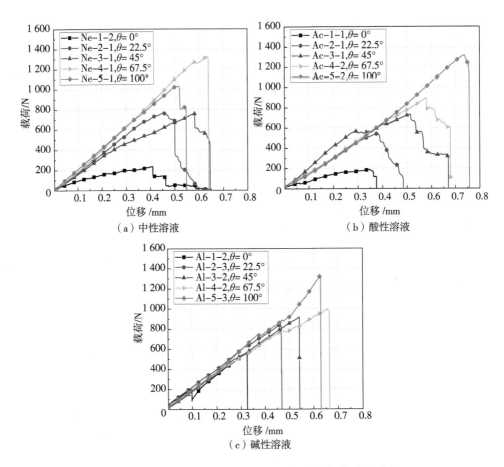

（a）中性溶液

（b）酸性溶液

（c）碱性溶液

图 3-7　不同溶液环境下含层理煤样典型载荷-位移曲线

3.2.2　溶液环境及层理角度对煤样的影响

由图 3-8 可知,中性溶液环境下,拟合曲线斜率为 9.34,试样峰值载荷总体随层理角度的增大逐渐增大。层理角度为 0° 时,煤样峰值载荷均值为 150.679 N;层理角度为 22.5° 时,煤样峰值载荷均值为 785.549 N;层理角度为 45° 时,煤样峰值载荷均值为 765.890 N;层理角度为 67.5° 时,煤样峰值载荷均值为 1 200.338 N;层理角度为 90° 时,煤样峰值载荷均值为 993.544 N。同时,层理角度由 0° 增加至

90°的过程中,以层理角度为 0°煤样的峰值位移均值为基准,其他层理角度煤样的峰值载荷均值依次递增 634.870 N、615.211 N、1 049.659 N、842.865 N,递增幅度总体上呈现增大的趋势。

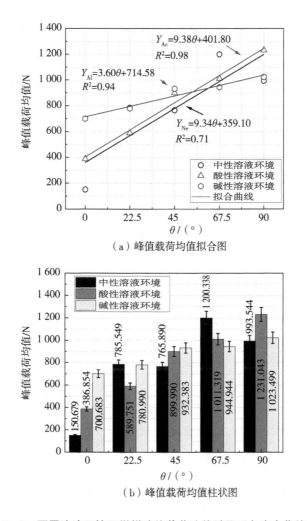

（a）峰值载荷均值拟合图

（b）峰值载荷均值柱状图

图 3-8　不同溶液环境下煤样峰值载荷均值随层理角度变化特征

酸性溶液环境下,拟合曲线斜率为 9.38,试样的峰值载荷表现为随层理角度的增大而增大。层理角度为 0°时,煤样峰值载荷均值为 386.854 N;层理角度为 22.5°时,煤样峰值载荷均值为 589.751 N;层理角度为 45°时,煤样峰值载荷均值为 899.990 N;层理角度为 67.5°时,煤样峰值载荷均值为 1 011.319 N;层理角度为 90°时,煤样峰值载荷均值为 1 231.043 N。同样以层理角度为 0°煤样的峰值载荷均值为基准,其他层理角度煤样的峰值载荷均值依次递增 202.897 N、513.136 N、624.465 N、844.189 N,递增幅度总体上呈现增大的趋势。碱性溶液环境下,拟合曲线斜率为 3.60,试样的峰值载荷也表现为随层理角度的增大而增大。层理角度为 0°时,煤样峰值载荷均值为 700.683 N;层理角度为 22.5°时,煤样峰值载荷均值为 780.990 N;层理角度为 45°时,煤样峰值载荷均值为 932.383 N;层理角度为 67.5°时,煤样峰值载荷均值为 944.944 N;层理角度为 90°时,煤样峰值载荷均值为 1 023.499 N。同样以层理角度为 0°煤样的峰值载荷均值为基准,其他层理角度煤样的峰值载荷均值依次递增 80.307 N、231.700 N、244.261 N、322.816 N,递增幅度总体上呈现增大的趋势。

表 3-1～表 3-3 所示为中性、酸性、碱性溶液环境下含层理煤的强度及变形参数统计。

表 3-1　中性溶液环境下含层理煤的强度及变形参数统计

试样编号	峰值载荷/N	峰值载荷均值/N	峰值位移/mm	峰值位移均值/mm
Ne-1-1	141.857		0.409	
Ne-1-2	235.839	150.679±81.110	0.129	0.205±0.179
Ne-1-3	74.341		0.076	
Ne-2-1	766.035		0.454	
Ne-2-2	753.997	785.549±44.632	0.426	0.482±0.074
Ne-2-3	836.615		0.566	
Ne-3-1	829.792		0.625	
Ne-3-2	707.174	765.890±61.473	0.476	0.561±0.077
Ne-3-3	760.705		0.583	
Ne-4-1	1 325.608		0.642	
Ne-4-2	1 116.381	1 200.338±110.56	0.655	0.736±0.152
Ne-4-3	1 159.025		0.912	
Ne-5-1	1 031.9		0.518	
Ne-5-2	921.616	993.544±62.337	0.642	0.534±0.101
Ne-5-3	1 027.116		0.443	

注:"±"符号后数字表示前方数字标准差。

表3-2 酸性溶液环境下含层理煤的强度及变形参数统计

试样编号	峰值载荷/N	峰值载荷均值/N	峰值位移/mm	峰值位移均值/mm
Ac-1-1	188.999		0.345	
Ac-1-2	736.04	386.854±303.297	0.447	0.326±0.131
Ac-1-3	235.523		0.186	
Ac-2-1	542.097		0.380	
Ac-2-2	585.529	589.751±49.899	0.413	0.432±0.064
Ac-2-3	641.628		0.503 52	
Ac-3-1	732.553		0.513 95	
Ac-3-2	916.01	899.990±160.030	0.564	0.544±0.026
Ac-3-3	1 051.408		0.553	
Ac-4-1	988.528		0.606	
Ac-4-2	891.884	1 011.319±132.311	0.582	0.589±0.015
Ac-4-3	1 153.545		0.578	
Ac-5-1	926.774		0.577	
Ac-5-2	1 316.896	1 231.043±271.713	0.737	0.668±0.082
Ac-5-3	1 449.46		0.689	

表3-3 碱性溶液环境下含层理煤的强度及变形参数统计

试样编号	峰值载荷/N	峰值载荷均值/N	峰值位移/mm	峰值位移均值/mm
Al-1-1	769.086		0.372	
Al-1-2	553.14	700.683±127.889	0.325	0.356±0.027
Al-1-3	779.823		0.371	
Al-2-1	951.526		0.438	
Al-2-2	553.639	780.990±204.938	0.391	0.430±0.036
Al-2-3	837.806		0.461	
Al-3-1	1 271.026		0.706	
Al-3-2	918.803	932.383±332.061	0.542	0.504±0.223
Al-3-3	607.32		0.264	

表3-3(续)

试样编号	峰值载荷/N	峰值载荷均值/N	峰值位移/mm	峰值位移均值/mm
Al - 4 - 1	781.74		0.536	
Al - 4 - 2	994.195	944.944±144.994	0.657	0.671±0.142
Al - 4 - 3	1 058.896		0.819	
Al - 5 - 1	719.937		0.423	
Al - 5 - 2	1 020.345	1 023.499±305.151	0.628	0.561±0.120
Al - 5 - 3	1 330.215		0.632	

图 3-8 展示了峰值载荷与层理角度之间的关系。不同溶液组试样的峰值载荷均值有较大的差异。在中性组中，$\theta=0°$、$45°$和$90°$时试样的峰值载荷是三组中同层理角度下的最小值。其中$\theta=0°$时的峰值载荷为三组中的最小值 150.679 N。当$\theta=22.5°$时，峰值载荷较$\theta=0°$时的增长幅度为三组中最大值，增长率达到了 421.339%。此时的峰值载荷为 785.549 N，是$\theta=0°$时的 5.213 倍。当$\theta=45°$时峰值载荷降低，在$\theta=67.5°$时峰值载荷升高并达到中性组中的峰值 1 200.338 N，是最小值($\theta=0°$)的 7.966 倍。在$\theta=90°$时峰值载荷再次降低，达到 993.544 N。酸性组和碱性组试样的峰值载荷随层理角度的增大而增大。其中，酸性组试样的峰值载荷在$\theta=0°$时最小，为 386.854 N。$\theta=22.5°$时峰值载荷为同层理角度下的最小值 589.751 N。此外，在$\theta=22.5°\sim45°$阶段峰值载荷的增长率在酸性组中是最大的，增长率为 52.605%。$\theta=45°\sim67.5°$时增长幅度是最小的，为 12.370%。在$\theta=90°$时峰值载荷达到峰值，同时也为三组中的最大值 1 231.043 N。酸性组中，峰值载荷的最大值约为最小值的 3.182 倍。碱性组试样的峰值载荷在$\theta=0°$和$\theta=45°$时为三组中的最大值，分别为 700.683 N、932.283 N。$\theta=67.5°$时的峰值载荷是同层理角度下的最小值，为 944.944 N。此时的峰值载荷较$\theta=45°$时增长率为 1.347%，增长率是碱性组中最小的。在$\theta=90°$时峰值载荷达到碱性组中的峰值 1 023.499 N，最大值约为最小值的 1.461 倍。值得注意的是，$\theta=0°\sim45°$时酸性组试样的峰值载荷始终小于碱性组。两组之间的差值随着层理角度的增大而减小，差值依次为 313.829 N、191.239 N、32.393 N。而当$\theta=67.5°\sim90°$时酸性组的峰值载荷大于碱性组，差值随着层理角度的增大而增大，分别为 66.375 N、207.544 N。即层理角度越大，碱性组试样的承载能力较酸性组的优势越不明显。此外，$\theta=0°$时三组试样峰值载荷的离散性最大。$\theta=22.5°$和$90°$时中性组和碱性组试样的峰值载荷较接近。差值分别为 4.559 N、29.955 N。$\theta=45°$和$67.5°$时酸性组和碱性组峰值载荷较接近，差值分别为 32.393 N、66.375 N。根据拟合曲线可知，峰值载荷随着层理角度的增大整体呈上升趋势。这可能是因为当层理角度

为 0°时层理弱面受拉应力影响比煤基质更容易发生破坏,试样承载能力较弱。随着层理角度的增大,拉应力与层理面之间形成一定的夹角,试样的承载能力也逐渐提高。结合拟合方程可知,酸性组和中性组中试样的峰值载荷对层理角度的变化表现出强烈的敏感性。碱性组所表现的敏感性最弱,增长趋势较为平缓。

图 3-9 为不同溶液组中层理角度与峰值位移均值之间的关系。需要注意的是,最大位移为载荷峰值点所对应的位移。中性溶液环境下,试样的峰值位移均值总体随层理角度的增大逐渐增大。层理角度为 0°时,煤样峰值位移均值为 0.205 mm;层理角度为 22.5°时,煤样峰值位移均值 0.482 mm;层理角度为 45°时,煤样峰值位移均值为 0.561 mm;层理角度为 67.5°时,煤样峰值位移均值为 0.736 mm;层理角度为 90°时,煤样峰值位移均值为 0.534 mm。同时,层理角度由 0°增加至 90°的过程中,以层理角度为 0°煤样的峰值位移均值为基准,其他层理角度煤样的峰值载荷均值依次递增 0.277 mm、0.356 mm、0.531 mm、0.329 mm,递增幅度总体上呈现增大的趋势。酸性溶液环境下,试样的峰值位移均值也表现为随层理角度的增大而增大。层理角度为 0°时,煤样峰值位移均值为 0.326 mm;层理角度为 22.5°时,煤样峰值位移均值为 0.432 mm;层理角度为 45°时,煤样峰值位移均值为 0.544 mm;层理角度为 67.5°时,煤样峰值位移均值为 0.589 mm;层理角度为 90°时,煤样峰值位移均值为 0.668 mm。同样以层理角度为 0°煤样的峰值位移均值为基准,其他层理角度煤样的峰值位移均值依次递增 0.106 mm、0.218 mm、0.263 mm、0.342 mm,递增幅度总体上呈现增大的趋势。碱性溶液环境下,试样的峰值位移均值也表现为总体随层理角度的增大而增大。层理角度为 0°时,煤样峰值位移均值为 0.356 mm;层理角度为 22.5°时,煤样峰值位移均值为 0.430 mm;层理角度为 45°时,煤样峰值位移均值为 0.504 mm;层理角度为 67.5°时,煤样峰值位移均值为 0.671 mm;层理角度为 90°时,煤样峰值位移平均值为 0.561 mm。同样以层理角度为 0°煤样的峰值位移均值为基准,其他层理角度煤样的峰值位移均值依次递增 0.074 mm、0.148 mm、0.315 mm、0.205 mm,递增幅度总体上呈现增大的趋势。

中性组试样的最大位移在 $\theta=0°$ 时最小,为 0.205 mm。随着层理角度的增大,最大位移逐渐增大。在 $\theta=22.5°$ 时达到了 0.482 mm 为同层理角度下三组中的最大值。需要注意的是,$\theta=0°\sim22.5°$ 阶段的增长幅度为中性组中的最大值,增长率达到了 1.351%。最大位移在 $\theta=67.5°$ 时达到中性组中的峰值 0.736 mm,在 $\theta=90°$ 时最大位移降低至 0.534 mm。最大位移的最大值约为最小值的 3.590 倍。从整体而言,酸性组试样最大位移的变化趋势呈现递增的趋势,在 $\theta=90°$ 时最大位移为 0.668 mm 是同层理角度下三组中的最大值。最大位移在 $\theta=0°$ 时是酸性组中的最小值,为 0.326 mm。在层理角度为 0°～22.5°、22.5°～45°、45°～67.5°和 67.5°～90°时最大位移的增长率依次为 32.515%、25.926%、8.272%、13.413%。在 θ=90°时最大位移为 0.668 mm,是 θ=0°时最大位移的 2.049 倍。碱性组试样的最大位移变化趋势与中性组相同,最大位移从 0°到 67.5°依次递增,67.5°到 90°时减小。最大位移在 θ=22.5°和 45°时为同层理角度下三组中的最小值。其中,在 θ=0°时的最大位移是碱性组中的最小值 0.356 mm。在 θ=67.5°时达到碱性组中的最大值 0.671 mm。最大位移的最大值约为最小值的 1.885 倍。值得注意的是,中性组和碱性组试样的最大位移均在 θ=67.5°时达到峰值,并在 θ=90°时降低。此外,在 θ=0°、22.5°时,酸性组和碱性组的最大位移较接近。其中,在 θ=22.5°时最接近,差值仅为 0.002 mm。在 θ=45°时,中性组和酸性组的最大位移较接近,差值为 0.017 mm。

综上所述,当层理角度为 0°时位移最小。这可能是因为此时层理角度与加载方向平行,与拉应力的方向垂直。由于层理面是弱面,其胶结程度较弱,因此比煤基质更容易开裂。此时的位移为单一的层理面的位移。随着层理角度的增大,加载方向与层理弱面之间形成了一定的夹角,此时的位移包括了层理面上裂隙闭合的位移以及煤基质的位移,因此位移增大。从图 3-9 中可以看出三种溶液环境下的拟合曲线在层理角度 45°形成交点。在层理角度小于 45°时,拟合曲线的峰值位移均值由小到大分别是中性溶液、酸性溶液和碱性溶液。在层理角度等于 45°时,峰值位移均值相近。在层理角度大于 45°时,拟合曲线的峰值位移均值由小到大分别是碱性溶液、酸性溶液和中性溶液。

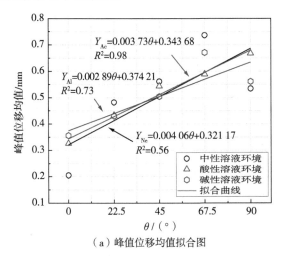

（a）峰值位移均值拟合图

图 3-9　不同溶液环境下煤样峰值位移均值随层理角度变化特征

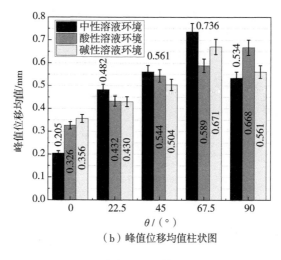

（b）峰值位移均值柱状图

图3-9　（续）

3.3　能量演变特征

3.3.1　脆性指数

脆性岩石的破坏过程常常伴随着能量的吸收、积聚和耗散的过程,研究岩石破坏过程中能量的演变,有助于更好地描述和理解岩石的力学行为[182-183]。应力-应变曲线是岩石破坏过程中应变能演变的外在表现。如图3-10(a)所示,岩石应变能的演变经历了三个阶段。峰前阶段(OA、AB)主要是能量积聚的过程,试样增加的能量主要来源于压机给予的机械做功以及部分使得初始裂纹闭合转化成的耗散能增量,这些能量作为应变能储存在试样中。当进入峰后阶段(BC),能量整体属于释放阶段,其中机械能直接转化为耗散能释放。峰前积攒的应变能也开始转化为耗散能量释放掉。其中U_d是峰前阶段的耗散能,U_e代表峰前应变能,U_a为峰后机械做功转化成的耗散能,U_r为C点处的峰后耗散能(它包括峰前积攒的应变能以及峰后机械做功转化成的耗散能)。

脆性指数是用来评价煤岩体脆性的专业术语,也是深部岩体工程中岩爆灾害预测不可或缺的指标。脆性指数越大,煤岩的脆性特征越明显。基于能量演变的脆性指数可以更好地反映煤岩体破坏过程中的脆性特征。在图3-10(a)的基础上,郝宪杰等[184]建立了更适用于硬煤脆性度指标的力学和几何模型[图3-7(b)],该指标的物理意义是外力作用下试样释放能量的快慢。其中U_e'为峰前贮存的应变能,U'_a 为峰后的机械能。并基于此提出脆性度的计算方法：

$$B_{re} = \lg\left[\left(\int_0^{\varepsilon_B} \sigma d\varepsilon - \frac{\sigma_B^2}{2E_{AO}}\right) \bigg/ \int_{\varepsilon_A}^{\varepsilon_B} \sigma d\varepsilon\right] \qquad (3-1)$$

式中,E_{AO} 取峰值点的割线模量。

当峰后残余强度为 0 时,公式(3-1)可以简化为：

$$B_{re} = \lg\left(\int_0^{\varepsilon_B} \sigma d\varepsilon \bigg/ \int_{\varepsilon_A}^{\varepsilon_B} \sigma d\varepsilon\right) \qquad (3-2)$$

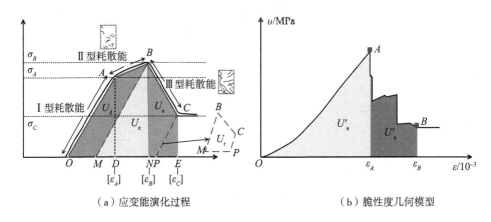

（a）应变能演化过程　　　　　　（b）脆性度几何模型

图 3-10　煤岩破坏过程中应变能的演化过程

试样的脆性指数与层理角度的关系如图 3-11 所示。不同溶液组中试样的脆性指数随层理角度的增长呈波动变化。中性组中,当 $\theta=0°$ 时脆性指数最小,为 0.554。这也是三组中的最小值。当 $\theta=22.5°$ 时脆性指数为三组中同层理角度下的最大值 1.309,脆性指数较 $\theta=0°$ 时增长了 136.28%。在 $\theta=45°$ 时脆性指数下降,但在 $\theta=67.5°$ 时再次上升并达到中性组中的峰值 1.957,这也是同层理角度下三组中的最大值。中性组中脆性指数的最大值约为最小值的 3.53 倍。当 $\theta=90°$ 时脆性指数再度下降到 1.486,为同层理角度下的最小值。在酸性组中,脆性指数在 $\theta=0°$ 时最小,为 0.783。在 $\theta=22.5°\sim67.5°$ 阶段的脆性指数为同层理角度下三组中的最小值,分别为 0.982、0.803 和 0.969。此外,在 $\theta=0°\sim67.5°$ 时脆性指数的变化幅度较中性和碱性组要更加平缓,脆性指数的最大值（$\theta=22.5°$）与最小值（$\theta=0°$）的差值为 0.199。需要注意的是,酸性组中层理角度为 0°和 45°试样以及 22.5°和 67.5°试样的脆性指数较为接近,差值分别为 0.020 和 0.013。当 $\theta=90°$ 时脆性指数达到酸性组的峰值 2.565,较 $\theta=67.5°$ 时增长了 164.71%。酸性组中脆性指数的最大值约为最小值的 3.28 倍。碱性组中,当 $\theta=0°$ 和 45°时脆性指数为同层理角度下三组中的最大值,脆性指数分别为 1.773、2.568。其中,在 $\theta=45°$ 时脆性指数达到了碱性组中的峰值,同时也是三组中的最大值。值得注意的是,在$\theta=$ $0°\sim67.5°$时碱性组试样的脆性指数大于酸性组。其中$\theta=22.5°$时脆性指数差值最小,为0.110;$\theta=45°$时差值最大,达到了1.765。由于脆性指数越大表明试样脆性特征越明显,因此当$\theta=22.5°$和$67.5°$时中性组试样更容易发生脆性破坏,酸性组试样在$\theta=90°$时易发生脆性破坏,碱性组试样则是在$\theta=0°$和$45°$。

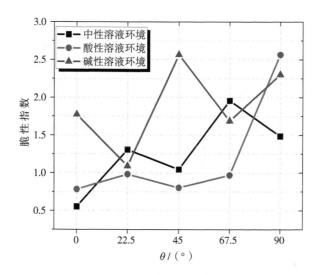

图3-11　不同溶液下含层理煤样平均脆性指数变化特征

在工程实践中煤的脆性指数很大程度上影响了冲击地压的灾害风险性。根据上述研究,针对不同层理角度的无烟煤储层可以选取合适的压裂液,保证储层的稳定性,防止冲击地压灾害的发生。

3.3.2　吸收能

施加到试样直到其破坏的能量称为吸收能。吸收能是载荷-位移曲线中的曲线与横坐标轴所围成部分的面积即[185]:

$$W_i = \int_0^u p_i du_i \qquad (3-3)$$

式中,W_i为吸收能,J;p_i为某一时刻的加载载荷;u_i为该时刻载荷对应的位移。

图3-12显示了吸收能与层理角度之间的关系。根据拟合曲线可知,在$\theta=0°$时碱性组试样吸收能大于酸性组,酸性组试样吸收能大于中性组。当$\theta=22.5°$时三组试样吸收能的离散性较$\theta=0°$时减小。在$\theta=45°\sim90°$时,酸性组试样的吸收能为三组中的最大值,对层理角度的变化表现出的敏感性最强。而碱性组所表现

的敏感性在三组中最弱。其中,中性组试样的吸收能在 $\theta=0°$ 时最小同时也是三组试样中的最小值,为 0.066 J。在 $\theta=22.5°$ 时吸收能达到 0.271 J,较 $\theta=0°$ 时增长了 310.61%。此时试样的吸收能为同层理角度下三组中的最大值。随着层理角度的增大吸收能呈上升趋势,并在 $\theta=67.5°$ 时达到中性组中的峰值 0.572 J。在 $\theta=90°$ 时吸收能为 0.395 J,较 $\theta=67.5°$ 时降低了 30.94%。酸性组试样吸收能的最小值出现在 $\theta=0°$ 时,此时吸收能为 0.140 J。$\theta=22.5°$ 吸收能为 0.206 J,为同层理角度下三组中的最小值。当 $\theta=45°\sim90°$ 时吸收能为三组中的最大值,分别为 0.390 J、0.618 J 和 0.453。碱性组试样的吸收能在 $\theta=0°$ 时为同层理角度下三组中的最大值 0.175 J。值得注意的是,当 $\theta=22.5°$ 时中性组与碱性组试样的吸收能最为接近,差值仅为 0.014 J。当 $\theta=45°\sim90°$ 时碱性组吸收能为三组中的最小值,分别为 0.297 J、0.443 J 和 0.344 J。

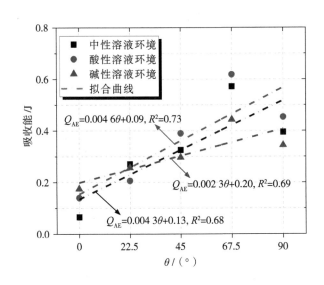

图 3-12　不同溶液环境下含层理煤样平均吸收能拟合曲线

结合拟合方程可知,吸收能随层理角度的增大呈增长趋势。这可能是因为当层理角度较小时,由于层理面胶结程度较差,层理面比煤基质更容易破坏,因此试样内存储的能量较少。随着层理角度的增大,试样的承载能力增强。因此压机则给予试样更多的机械做功,应变能增加,因此试样吸收的能量增多。此外,在煤储层开发过程中,一般需要考虑选用何种井型、钻井过程中所需介质以及压裂改造技术等等,这些都与煤岩体的吸收能密切相关。拟合方程为获得水基、酸性和碱性压裂液作用后无烟煤储层的吸收能随层理角度的变化特征提供了理论参考。

综上所述,我们根据峰后能量释放原理计算了试样的脆性指数,同时比较了试样吸收能的大小。为了揭示酸碱侵蚀作用下试样内部能量演变机理,还需要对峰前能量的吸收过程进行进一步研究,这也是我们下一步研究的重点内容。可见,单以抗拉强度指标作为岩体抵抗破坏能力的判别依据具有一定的局限性,工程实际中可以将能量指标作为一辅助指标对岩体的抗破坏能力进行更加准确的判断和表征。

3.4 断裂韧度响应特征

断裂韧度是表征抵抗裂纹扩展能力的物理量。使用公式(3-4)至(3-8)分别计算Ⅰ型、Ⅱ型和有效断裂韧度[186-188]:

$$K_{\mathrm{IC}} = \frac{P_{\max}\sqrt{\dfrac{a}{2}}}{RB\sqrt{\pi}} N_{\mathrm{I}} \tag{3-4}$$

$$N_{\mathrm{I}} = 1 - 4\sin^2\gamma + 4\sin^2\gamma(1 - 4\cos^2\gamma)(\alpha)^2 \tag{3-5}$$

$$K_{\mathrm{IIC}} = \frac{P_{\max}\sqrt{\dfrac{a}{2}}}{RB\sqrt{\pi}} N_{\mathrm{II}} \tag{3-6}$$

$$N_{\mathrm{II}} = \left[2 + (8\cos^2\gamma - 5)(\alpha)^2\right]\sin 2\gamma \tag{3-7}$$

$$K_{\mathrm{eff}} = \sqrt{K_{\mathrm{IC}}^2 + K_{\mathrm{IIC}}^2} \tag{3-8}$$

式中,K_{IC} 和 K_{IIC} 表示Ⅰ型、Ⅱ型断裂韧度;K_{eff} 代表有效断裂韧度;$P_{\max}$ 是载荷的最大值;$a/2$ 是预制切槽长度的一半;R 和 B 分别是试样的半径和厚度;N_{I} 和 N_{II} 分别是满足 $\alpha = a/2R \leqslant 0.3$ 的Ⅰ型、Ⅱ型断裂韧度的无量纲系数;β 为预制切槽与加载方向之间的夹角。断裂韧度计算结果如表3-4所示。

表3-4 不同溶液下含层理煤样Ⅰ/Ⅱ型断裂韧度统计

试样编号	K_{IC}/ (MPa·m$^{1/2}$)	均值/ (MPa·m$^{1/2}$)	K_{IIC}/ (MPa·m$^{1/2}$)	均值/ (MPa·m$^{1/2}$)	K_{eff}/ (MPa·m$^{1/2}$)	均值/ (MPa·m$^{1/2}$)
Ne-1-1	−0.022		0.036		0.042	
Ne-1-2	−0.031	−0.023	0.050	0.037	0.059	0.044
Ne-1-3	−0.016		0.026		0.031	
Ne-2-1	−0.080		0.129		0.152	
Ne-2-2	−0.079	−0.082	0.127	0.132	0.149	0.155
Ne-2-3	−0.086		0.140		0.164	

表3-4（续）

试样编号	$K_{\mathrm{I}C}$/ (MPa·m$^{1/2}$)	均值/ (MPa·m$^{1/2}$)	$K_{\mathrm{II}C}$/ (MPa·m$^{1/2}$)	均值/ (MPa·m$^{1/2}$)	K_{eff}/ (MPa·m$^{1/2}$)	均值/ (MPa·m$^{1/2}$)
Ne-3-1	−0.086		0.139		0.163	
Ne-3-2	−0.074	−0.079	0.120	0.129	0.141	0.152
Ne-3-3	−0.079		0.128		0.151	
Ne-4-1	−0.131		0.212		0.250	
Ne-4-2	−0.112	−0.120	0.181	0.194	0.213	0.228
Ne-4-3	−0.116		0.188		0.221	
Ne-5-1	−0.104		0.169		0.198	
Ne-5-2	−0.094	−0.101	0.152	0.163	0.179	0.191
Ne-5-3	−0.104		0.168		0.197	
Ac-1-1	−0.027		0.043		0.051	
Ac-1-2	−0.077	−0.045	0.125	0.073	0.146	0.085
Ac-1-3	−0.031		0.050		0.059	
Ac-2-1	−0.059		0.096		0.113	
Ac-2-2	−0.063	−0.063	0.102	0.103	0.121	0.121
Ac-2-3	−0.068		0.111		0.130	
Ac-3-1	−0.077		0.124		0.146	
Ac-3-2	−0.094	−0.092	0.151	0.149	0.178	0.175
Ac-3-3	−0.106		0.172		0.202	
Ac-4-1	−0.100		0.162		0.191	
Ac-4-2	−0.091	−0.102	0.148	0.166	0.174	0.195
Ac-4-3	−0.116		0.187		0.220	
Ac-5-1	−0.095		0.153		0.180	
Ac-5-2	−0.131	−0.123	0.211	0.198	0.248	0.233
Ac-5-3	−0.143		0.231		0.271	
Al-1-1	−0.080		0.129		0.152	
Al-1-2	−0.060	−0.074	0.097	0.119	0.114	0.14
Al-1-3	−0.081		0.131		0.154	
Al-2-1	−0.097		0.157		0.184	
Al-2-2	−0.060	−0.081	0.097	0.131	0.115	0.154
Al-2-3	−0.086		0.140		0.164	
Al-3-1	−0.126		0.204		0.240	
Al-3-2	−0.094	−0.095	0.152	0.154	0.178	0.181
Al-3-3	−0.065		0.105		0.124	

表3-4（续）

试样编号	K_{IC}/ (MPa·m$^{1/2}$)	均值/ (MPa·m$^{1/2}$)	K_{IIC}/ (MPa·m$^{1/2}$)	均值/ (MPa·m$^{1/2}$)	K_{eff}/ (MPa·m$^{1/2}$)	均值/ (MPa·m$^{1/2}$)
Al-4-1	−0.081		0.131		0.154	
Al-4-2	−0.101	−0.096	0.163	0.156	0.192	0.183
Al-4-3	−0.107		0.173		0.203	
Al-5-1	−0.076		0.122		0.144	
Al-5-2	−0.103	−0.104	0.167	0.167	0.196	0.197
Al-5-3	−0.132		0.213		0.251	

　　图3-13为试样平均断裂韧度随层理角度的变化趋势。酸性和碱性溶液组试样的I型断裂韧度随层理角度的增大呈下降趋势。II型断裂韧度随层理角度的增大而增大。I型、II型断裂韧度之间的差值随着层理角度的增大而增大。酸性溶液组中，I型断裂韧度的最大值为 −0.045 MPa·m$^{1/2}$，最小值为 −0.123 MPa·m$^{1/2}$。II型断裂韧度最大值（$\theta=90°$，$K_{IIC}=0.198$ MPa·m$^{1/2}$）为最小值（$\theta=0°$，$K_{IIC}=0.073$ MPa·m$^{1/2}$）的2.71倍。当 $\theta=0°$时I型、II型断裂韧度之间的差值最小，为0.118 MPa·m$^{1/2}$。当 $\theta=90°$时I型、II型断裂韧度之间的差值达到最大，为0.321 MPa·m$^{1/2}$。碱性溶液组中，I型断裂韧度的最大值为 −0.074 MPa·m$^{1/2}$，最小值为 −0.104 MPa·m$^{1/2}$。II型断裂韧度最大值（$\theta=90°$，$K_{IIC}=0.167$ MPa·m$^{1/2}$）为最小值（$\theta=0°$，$K_{IIC}=0.119$ MPa·m$^{1/2}$）的1.40倍。I型、II型断裂韧度之间的最小差值为0.193 MPa·m$^{1/2}$，最大差值为0.271 MPa·m$^{1/2}$。

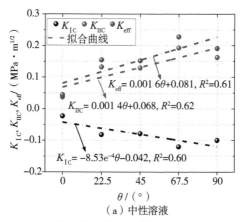

（a）中性溶液

图3-13　不同溶液环境下含层理煤样平均断裂韧度拟合曲线

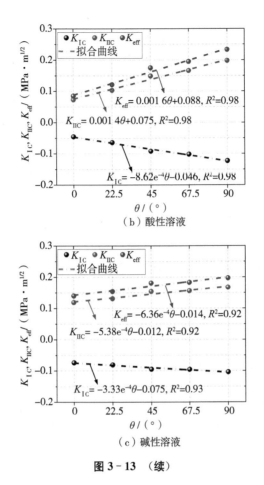

（b）酸性溶液

（c）碱性溶液

图 3-13 （续）

需要注意的是，中性溶液组试样的 I 型、II 型断裂韧度的变化趋势可以分为两个阶段。当 $\theta=0°\sim67.5°$ 时，I 型断裂韧度呈下降趋势，II 型断裂韧度呈上升趋势。而当 $\theta=67.5°\sim90°$ 时，I 型断裂韧度增大，II 型断裂韧度降低。I 型断裂韧度的最小值出现在 $\theta=67.5°$ 时，为 -0.120 MPa·m$^{1/2}$。此时 II 型断裂韧度最大，为 0.194 MPa·m$^{1/2}$。两者之间的差值达到了 0.314 MPa·m$^{1/2}$。此外，中性组 I 型断裂韧度平均值为 -0.081 MPa·m$^{1/2}$，酸性组为 -0.085 MPa·m$^{1/2}$，碱性组为 -0.090 MPa·m$^{1/2}$。对于 II 型断裂韧度，中性组平均值为 0.131 MPa·m$^{1/2}$，酸性组为 0.138 MPa·m$^{1/2}$，碱性组为 0.145 MPa·m$^{1/2}$。由此可得，中性组试样抵抗 I 型断裂的能力最强，碱性组抵抗 I 型断裂能力最弱。碱性组抵抗 II 型断裂能力最强，中性组抵抗 II 型断裂能力最弱。

为了方便进行比较，将 I 型和 II 型断裂韧度采用有效断裂韧度进行统一。不同层理角度试样有效断裂韧度的平均值分别为 0.090 MPa·m$^{1/2}$、

0.143 MPa·m$^{1/2}$、0.167 MPa·m$^{1/2}$、0.202 MPa·m$^{1/2}$、0.207 MPa·m$^{1/2}$,有效断裂韧度随着层理角度的增大而增大,即试样抵抗裂纹扩展的能力逐渐增强。此外,中性组试样的平均有效断裂韧度为 0.233 MPa·m$^{1/2}$,酸性组平均有效断裂韧度为 0.269 MPa·m$^{1/2}$,碱性组为 0.285 MPa·m$^{1/2}$。即碱性组试样抵抗裂纹扩展的能力要高于酸性组,酸性组试样抵抗裂纹扩展的能力要高于中性组。拟合方程中,酸性组和碱性组的拟合程度较高。这为酸性和碱性压裂液作用后无烟煤储层Ⅰ型、Ⅱ型断裂韧度变化特征方面提供了理论参考。此外,还可以采取相应的防治技术,保证井壁的稳定,防止水力裂缝诱导扩展失稳。

3.5　宏观断裂模式

图 3-14、图 3-15 和图 3-16 为中性、酸性和碱性溶液环境典型煤样的破坏模式图。由图可知,层理角度对 CSTBD 试件的破坏模式有显著影响。$\theta = 0°$时,中性组试样的主裂纹萌生于预制切槽的上部尖端,破坏模式为层理面的拉伸破坏。而酸性组试样的主裂纹起点出现在预制切槽中部。在这两组中,试样的破坏面相对比较平直,主裂纹沿着层理扩展,直至试样边界。$\theta = 0°$时,拉伸破坏主导碱性组试样的宏观破坏模式。主裂纹的扩展路径上萌生了二次裂纹,二次裂纹的扩展方向穿过了层理面。在层理角度为 22.5°时,中性组试样的破坏模式主要为沿层理的剪切破坏。酸性组为沿层理面的拉剪复合断裂,碱性组试样主裂纹的起点向预制

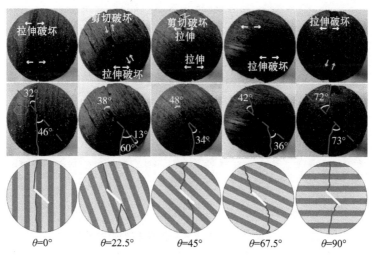

图 3-14　中性溶液环境下含层理典型煤样破坏模式

切槽的中部偏移,主裂纹的扩展路径为先顺层后穿层,扩展路径的终点靠近加载端。随着层理角度的增大,三组试样中主裂纹扩展路径由顺层逐渐变为穿层,主裂纹扩展路径的终点逐渐朝着加载点的方向偏移。其中,中性组中 $\theta = 22.5°$、$45°$ 和 $90°$ 试样,酸性组中 $\theta = 0°$、$22.5°$ 和 $67.5°$ 试样,碱性组中 $\theta = 0°$ 和 $45°$ 试样为 I/II 复合型断裂。

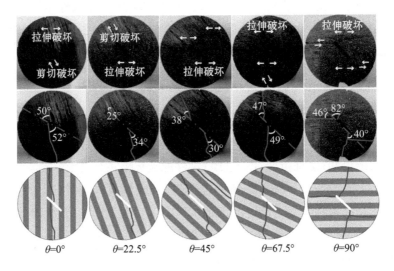

图 3-15　酸性溶液环境下含层理典型煤样破坏模式

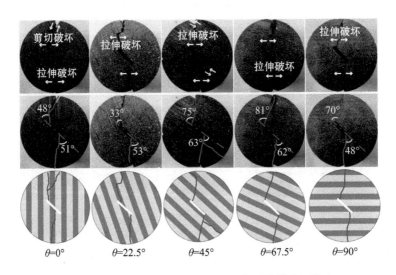

图 3-16　碱性溶液环境下含层理典型煤样破坏模式

综上所述,试样有两种基本的断裂模式:顺层断裂与穿层断裂。因为层理弱面的缘故,顺层断裂需要较低的载荷,这将形成较低的断裂韧度和更平滑的断面。然而,穿层断裂需要穿过比层理更强的煤基质,需要更高的载荷,穿层断裂时应力在遭遇层理面时裂纹会沿水平弱面延伸一定距离,而在应力重分布条件下裂纹会穿越基质、沿层理弱面循环扩展形成锯齿状,这将导致更高的断裂韧度和更粗糙的断面[189],这与图3-9(a)和图3-13展示的规律相符。此外,拉伸破坏主导试样的破坏模式,但试样的最终破坏模式有较大的差异。这是因为裂纹的扩展过程是由无数新裂纹尖端的起裂所组成,脆性断裂裂纹在垂直于该力的平面内扩展,由于层理和煤基质强度不同,受层理倾斜方位影响,试样弹性对称轴发生变化,不同时刻新裂纹尖端的应力状态不同,进而影响了裂纹扩展方向,导致裂纹扩展路径出现了明显的各向异性特征。

3.6 DICM 测试结果

3.6.1 数字图像相关法原理

数字图像相关法是一种非接触式无损伤检测力学分析方法。DICM 技术能够实时跟踪记录试样表明变形信息且计算量小[190]。故其广泛地用于分析脆性岩石表面位移场和应变场的变化。通过关联参考图像和变形图像表面自带纹理特性或者人工散斑点之间的差异并运用一定的搜索算法来提取变形试样全场位移的信息,其中参考图像指的是加载过程中摄像机拍摄的第一张照片。喷散斑的过程中,散斑点的大小要适宜。既不能过大也不能过小[191]。图3-17为DICM计算原理示意图。利用 DICM 技术可以获得匹配图像子集之间的相对变形,进而基于格林-拉格朗日法计算匹配图像子集之间的应变[192]。其中 ε_{xx}、ε_{xy}、ε_{yy} 分别为格林-拉格朗日应变,u、v 分别为水平位移场和垂直位移场,相关原理如下[193]:

$$x' = x_0 + \Delta x + u + u'_x \Delta x + u'_y \Delta y \tag{3-9}$$

$$y' = y_0 + \Delta y + v + v'_x \Delta x + v'_y \Delta y \tag{3-10}$$

$$\varepsilon_{xx} = 0.5[2u'_x + (u'_x)^2 + (v'_x)^2] \tag{3-11}$$

$$\varepsilon_{xy} = 0.5[u'_y + v'_y + u'_x u'_y + v'_x v'_y] \tag{3-12}$$

$$\varepsilon_{yy} = 0.5[2v'_y + (u'_y)^2 + (v'_y)^2] \tag{3-13}$$

3.6.2 裂纹萌生监测

由于试样的破坏过程十分短暂,因此采用 DICM 技术识别和分析加载过程中裂纹萌生、扩展过程以及变形场和位移场的演变规律。

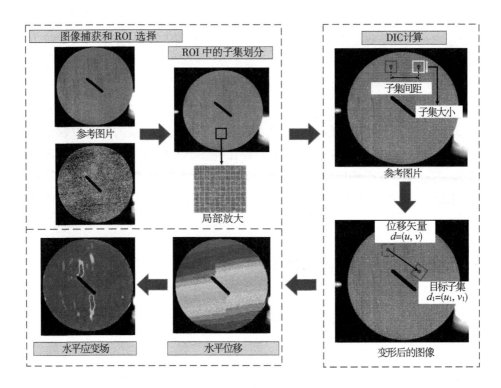

图 3-17　DICM 技术原理示意图

图 3-18 为试样 Al-5-2 监测点布置及监测点应变-时间演变曲线。沿着试样预制切槽的两侧尖端应力集中区布置了 20 个测点[图 3-18(a)]。应变-时间曲线如图 3-18(b)所示。应变随着载荷的增加仅略微增高，这种现象持续到 $T=720$ s。在 $T=720$ s 时，应变开始迅速提高，其中测点 13 首先发生提高，然后是测点 12、14、8 和 9。测点 19、20、1 和 2 是最后显示快速增加的测点。从测点处应变变化的先后顺序可以看出，裂纹先从预制切槽的两个尖端部位开始起裂。这 20 个测点的变化规律可以将试样的应变-时间曲线划分为三个明显的阶段。第一阶段：弹性变形阶段。在第一阶段，应变变化缓慢，没有观察到升高的现象。第二阶段：应变缓慢增长阶段。这与试样中微裂纹的产生有关。第三阶段：应变快速增长阶段。该阶段主要发生在测点 13 应变的快速增长之后，在这个阶段裂纹萌生并扩展。本书中基于 DICM 测试方法可测得试样的最大应变值为 3.5%。而采用传统的应变片测量方法，在裂纹起裂、扩展过程中可能会引起应变片的断裂，导致无法监测试样断裂后的应变变化。这也是 DICM 测试方法优于传统测试方法的原因之一。

　　图 3−19 至图 3−21 所示为中性、酸性、碱性溶液环境下典型试样水平方向应变测点数据。

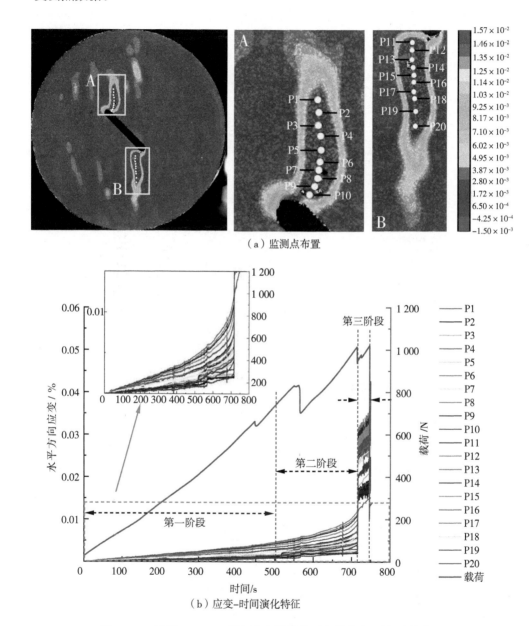

（a）监测点布置

（b）应变−时间演化特征

图 3−18　试样 Al−5−2 监测点布置及监测点的应变−时间演化曲线

　　预制切槽尖端部位位移场的变化也可以通过 DICM 进行监测。如图 3−22（a）所示，测线 $L_1 \sim L_6$ 分别布置区域 A 和 B 上。图中三个阶段可以概括为：弹性变形

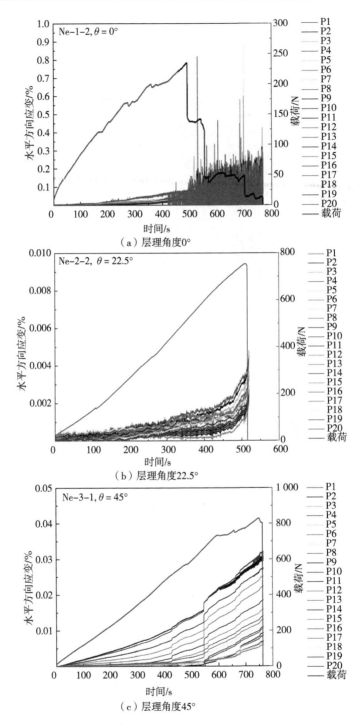

（a）层理角度0°

（b）层理角度22.5°

（c）层理角度45°

图 3-19 中性溶液环境下典型试样水平方向应变测点数据

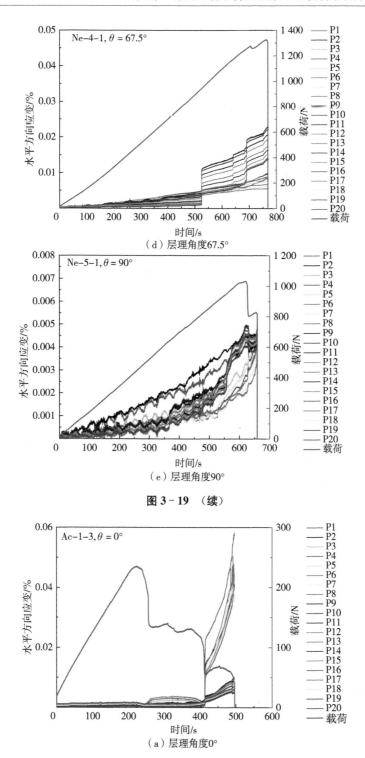

（d）层理角度67.5°

（e）层理角度90°

图 3－19　（续）

（a）层理角度0°

图 3－20　酸性溶液环境下典型试样水平方向应变测点数据

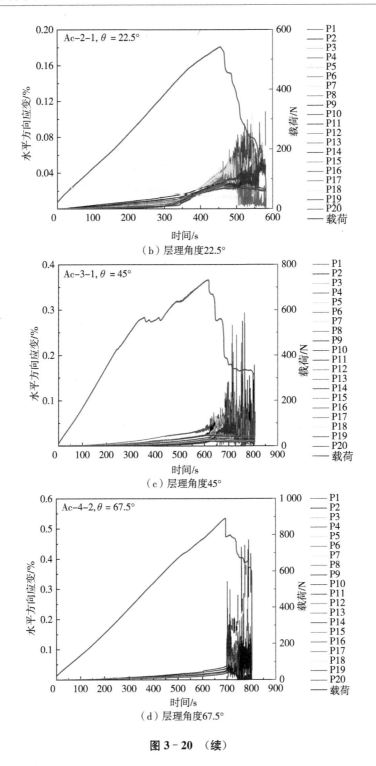

（b）层理角度22.5°

（c）层理角度45°

（d）层理角度67.5°

图 3-20 （续）

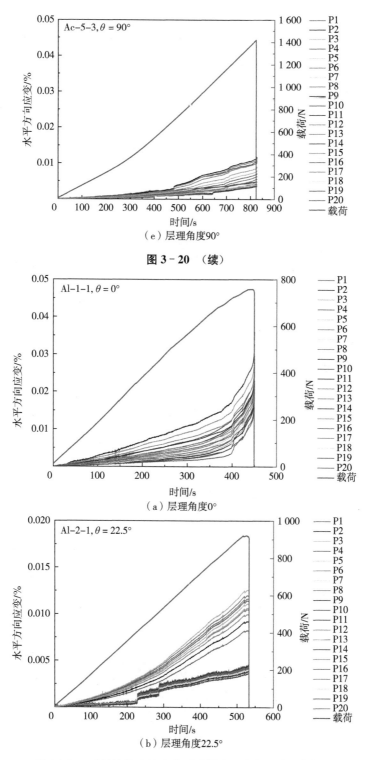

（e）层理角度90°

图 3-20　（续）

（a）层理角度0°

（b）层理角度22.5°

图 3-21　碱性溶液环境下典型试样水平方向应变测点数据

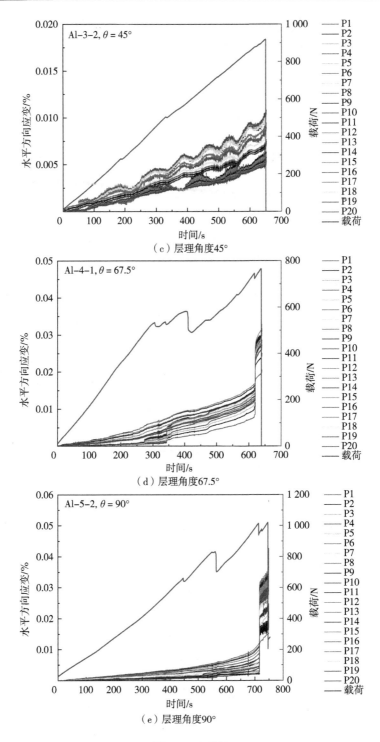

（c）层理角度45°

（d）层理角度67.5°

（e）层理角度90°

图 3−21 （续）

阶段、裂纹萌生阶段、裂纹扩展阶段。a、b、c为三个不同阶段上的关键点。图 3-22(b)三条测线均显示出台阶状的波动,这种台阶状的波动可以解释为在阶段 a 处微裂纹的形成。如图 3-22(c)所示,阶段 b 处水平位移开始出现突然的不连续性变化,这种不连续性位移变化是由岩石颗粒的分离所产生的,是裂纹的判断依据。随着载荷的持续,裂纹继续扩展,张开位移(COD)逐渐增大。其中,测线 L_3 观察到急剧和突然的过渡,这种不连续性位移进一步证明裂纹从测线处起裂,最终形成了 0.054 mm 较大的 COD。测线 L_1、L_2 和 $L_4 \sim L_6$ 的张开位移是平滑的曲线,这意味着开口位移的过渡点是平滑的。需要注意的是,尽管在阶段 a 处出现张开位移,但这只是反映了断裂过程区(FPZ)的发展,一旦应力与应变超过材料的强度,单一的微裂纹会迅速扩展,最终合并成宏观裂纹。

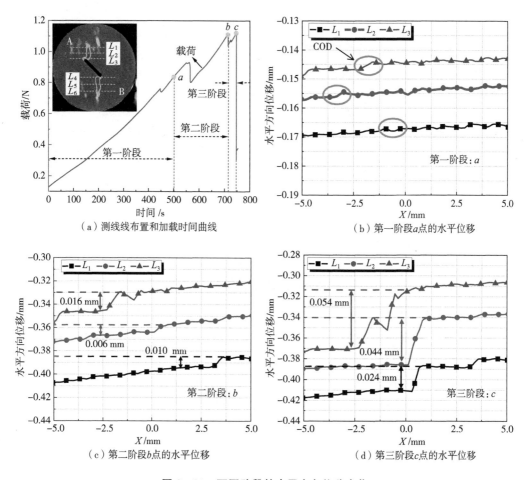

(a)测线线布置和加载时间曲线

(b)第一阶段a点的水平位移

(c)第二阶段b点的水平位移

(d)第三阶段c点的水平位移

图 3-22 不同阶段的水平方向位移变化

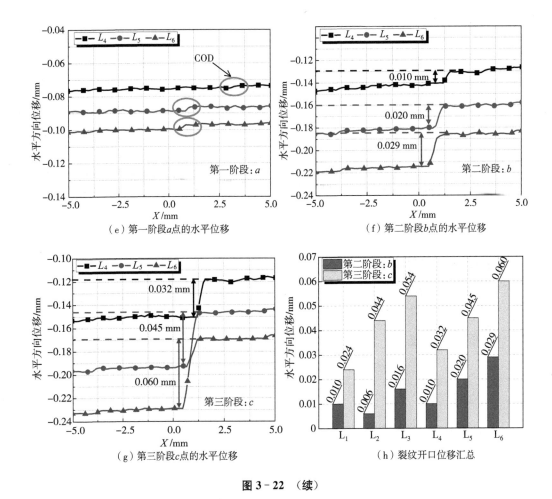

图 3-22 （续）

如图 3-23 所示，为了更好地理解裂纹扩展路径张开位移，取垂直于裂纹扩展路径的一条测线 l 作为参考线。当裂纹扩展至 l 后，测线 l 偏移到 l'。在实际中，Δx_1、Δx_2、Δy_1 和 Δy_2 的值很小，l 与 l' 可近似认为重合，则 l 与 l' 长度的差值即为裂纹扩展路径上的张开位移。其中，测线 l 两端的位置坐标为 (x_1, y_1)、(x_2, y_2)，测线 l' 两端的位置坐标为 $(x_1+\Delta x_1, y_1+\Delta y_1)$、$(x_2+\Delta x_2, y_2+\Delta y_2)$，$l$ 和 l' 的长度可以由勾股定理求得。张开位移计算过程如下式所示：

$$\delta = \sqrt{[(x_1+\Delta x_1)-(x_2+\Delta x_2)]^2 + [(y_1+\Delta y_1)-(y_2+\Delta y_2)]^2} - \sqrt{(x_1-x_2)^2+(y_1-y_2)^2}$$

$$(3-14)$$

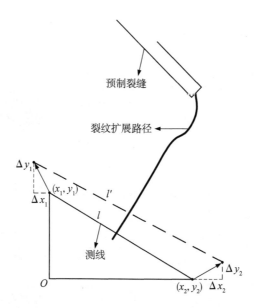

图 3 - 23　经预制切槽裂纹扩展示意图

3.6.3　应变场演变过程

　　DICM 技术可以精准地获得试样在加载过程中的全场变形,应变集中区域是裂纹萌生的标志。图 3-24、图 3-25 和图 3-26 为不同溶液环境下含层理煤岩水平方向应变场。通过云图我们观察到,试样主要表现为拉伸失效。

　　图 3-24 所示为中性环境下不同层理角度煤岩水平方向应变场,中性溶液环境中 $\theta = 0°$ 试样在加载方向两端先出现应变集中。但随着加载的持续,上侧应变集中区消失,下侧应变集中区呈现出沿着层理面扩展的趋势,并贯穿预制切槽左侧。$\theta = 22.5°$ 试样也是在加载方向两端先出现应变集中,但在应变较小时试样便产生破坏。与 $\theta = 0°$、22.5° 的试样不同的是,$\theta = 45°$ 试样的应变集中区首先出现在试样下方加载端。随着持续加载,上下两侧的应变集中区朝着层理面方向发展,由于预制切槽的影响,使得最终试样破坏时,裂纹贯穿了预制切槽两端。当 $\theta = 67.5°$ 和 $\theta = 90°$ 时,试样加载初,应变集中区数量较多,分布杂乱。随着加载进行,应变集中区仅出现在试样上下两端和预制切槽两端,最终试样出现贯穿预制切槽两端的破坏。

　　图 3-25 所示为酸性环境下不同层理角度煤岩水平方向应变场,酸性溶液环境中 $\theta = 0°$、22.5° 和 45° 试样随着加载的持续,应变集中区均沿层理面方向扩展,试样最终也是沿着层理面产生破坏,与云图中的应变集中区扩展方向相符。同时可

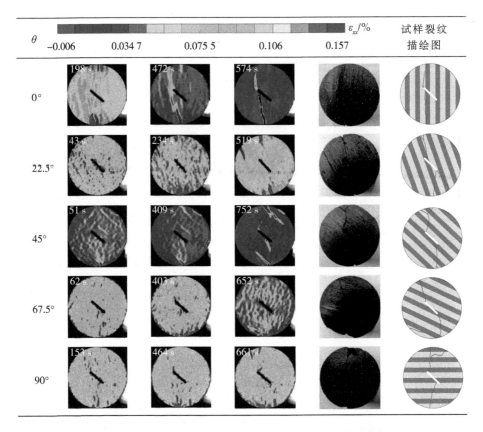

图 3-24　中性环境下不同层理角度煤样水平方向应变场

以看出层理角度对煤样破坏模式有较大的影响。与 $\theta=0°$、22.5°和 45°的试样不同的是，$\theta=67.5°$试样的应变集中区首先出现在试样上下两处加载端以及预制切槽左端和下侧中间位置。此外，该试样上下两侧的应变集中区偏转向层理面方向，但试样最终破坏时，裂纹主要由预制切槽两端产生，受上下侧加载端影响较小。当 $\theta=90°$时，试样加载初，应变集中区数量较多，分布杂乱。随着加载进行，应变集中区仅出现在试样上侧加载端和预制切槽两端。试样破坏时受层理弱面影响，不仅产生了贯穿加载端和预制切槽两端的裂纹，同时出现了由预制切槽两端沿层理方向向试样两侧扩展的裂纹。

如图 3-26 所示，为碱性环境下不同层理角度煤岩水平方向应变场，碱性溶液环境中 $\theta=0°$、22.5°试样在预制裂纹尖端首先出现比较大的应变集中。随着加载的持续，呈现出沿着层理面扩展的趋势，并不断朝着试样上下两个加载端扩展。其中 $\theta=22.5°$试样上观察到了穿过层理面的应变集中区，这较好地反映了裂纹的扩展路径，也与试样最终破坏模式相符。与 $\theta=0°$、22.5°的试样不同的是，$\theta=45°$试

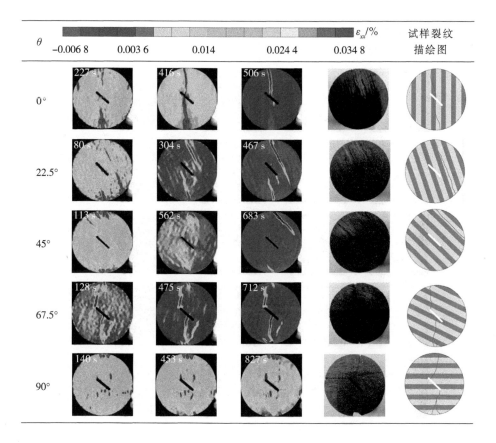

图 3 - 25 酸性环境下不同层理角度煤样水平方向应变场

样的应变集中区首先出现在试样上下两处加载端。此外,试样表面还出现了沿层理面的剪切破坏区域,该裂纹从试样的边界萌生,这与破坏模式相符,最终试样破坏时,裂纹从上下两侧加载方向以及下侧层理面沿预制裂纹两端产生。当 $\theta=$ 67.5°时,试样加载端先出现应变集中区,裂纹萌生于预制裂纹尖端并朝着加载端扩展,同时卜侧出现了沿层理面产生的裂纹。当 $\theta=90$°时,主裂纹穿过层理面朝上下两个加载端扩展,裂纹的扩展模式相对简单。

DICM 结果显示,应力诱导裂纹发展导致塑性应变的积累,而未造成破坏的塑性应变积累称为"亚临界裂纹现象"。已有研究证明,在宏观裂纹出现之前就已经观察到了微裂纹的起裂和扩展等亚临界现象。因此,三组试样力学特性的差异可以解释为亚临界裂纹可能在低于试样静力强度的载荷作用下扩展。

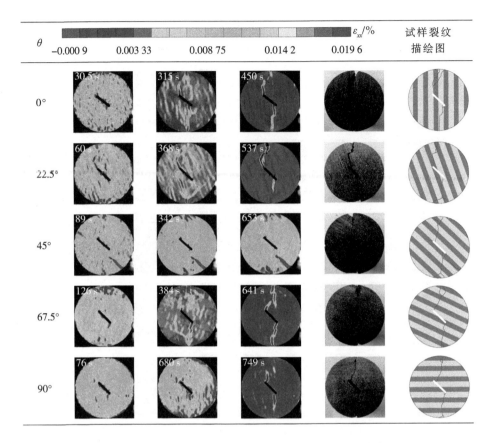

图 3-26　碱性环境下不同层理角度煤样水平方向应变场

3.7　本章小结

（1）煤样载荷-位移曲线分为压密阶段、线弹性变形阶段、屈服阶段和峰后破坏阶段。由于煤样破坏为脆性破坏，使得曲线压密阶段并不明显。酸碱溶液的侵蚀作用使得层理弱面和煤基质中的微裂缝和缺陷等不断扩展、闭合，使得煤样峰后破坏阶段曲线呈现断崖式下降或阶梯状下降。

（2）中性、酸性和碱性溶液环境作用下含层理煤的平均峰值载荷和峰值位移均与层理角度满足线性增长关系，层理角度越大，煤样的峰值载荷越大。中性溶液环境，层理角度 $67.5°$ 时峰值载荷升高并达到最大值 $1\ 200.338\ N$，是最小值（$\theta=0°$）的 7.966 倍。酸性溶液中，峰值载荷的最大值（$\theta=90°$）约为最小值（$\theta=0°$）的 3.182 倍。碱性溶液中，峰值载荷的最大值（$\theta=90°$）约为最小值（$\theta=0°$）的

1.461倍。

（3）由于脆性指数越大表明试样脆性特征越明显,因此当$\theta=22.5°$和$67.5°$时中性溶液环境试样更容易发生脆性破坏,酸性溶液环境试样在$\theta=90°$时易发生脆性破坏,碱性溶液试样则是在$\theta=0°$和$45°$易发生脆性破坏。

（4）中性、酸性和碱性溶液环境下,酸性和碱性溶液组试样的Ⅰ型断裂韧度随层理角度的增大呈下降趋势。Ⅱ型断裂韧度随层理角度的增大而增大。Ⅰ型、Ⅱ型断裂韧度之间的差值随着层理角度的增大而增大。中性组试样抵抗Ⅰ型断裂的能力最强,碱性组抵抗Ⅰ型断裂能力最弱。碱性组抵抗Ⅱ型断裂能力最强,中性组抵抗Ⅱ型断裂能力最弱。

（5）加载过程中,随着层理角度的增大,三组试样中主裂纹扩展路径由顺层逐渐变为穿层,主裂纹扩展路径的终点逐渐朝着加载点的方向偏移。中性组中$\theta=22.5°$、$45°$和$90°$试样,酸性组中$\theta=0°$、$22.5°$和$67.5°$试样,碱性组中$\theta=0°$和$45°$试样为Ⅰ/Ⅱ复合型断裂。

（6）加载过程中,试样的应变-时间曲线划分为三个明显的阶段——弹性变形阶段、应变缓慢增长阶段和应变快速增长阶段。应力诱导煤样裂纹发展导致塑性应变的积累,而未造成破坏的塑性应变积累则出现"亚临界裂纹现象"。

第4章 酸性压裂液对无烟煤动态断裂行为 及能量耗散规律影响研究

本章研究目的是揭示酸性压裂液对无烟煤动态断裂行为与能量耗散规律的影响。借助分离式霍普金森压杆(SHPB)冲击加载系统对酸性压裂液和水基压裂液处理后的直切槽半圆弯曲(NSCB)无烟煤试样开展不同冲击气压下Ⅰ型动态断裂韧性试验,采用高速摄像装置记录煤样裂纹扩展过程,结合 Image J 图像分析软件及 PCAS 图像识别系统分析煤样裂纹扩展轨迹与分形特征,以及断面处细观孔隙概率熵值。通过对比不同冲击气压和压裂液作用下无烟煤样的入射能、吸收能、断裂能和残余动能,得出酸性压裂液对煤样动态断裂过程的能量耗散影响规律。

4.1 试样制备与试验装置

4.1.1 煤岩样品制备

试验煤样取自山西某煤矿,按照国际岩石力学学会(ISRM)推荐的直切槽半圆弯曲(NSCB)试样制备方法[155],首先,钻取直径为 50 mm 圆柱形岩芯,再将岩芯加工为厚度 25 mm 的圆盘。为了满足精度要求,每个试样的端面都经过精细研磨,确保端面水平对齐度为 ±0.05 mm,垂直纵轴精度为 ±0.25°。随后将每个圆盘沿直径分成两个半圆形试样,切割煤样时确保其层理面与水平面夹角在 60°～70°,使用高速旋转的镶金刚石圆刀片(0.3 mm 厚度)从原圆盘中心垂直于直径方向切割出一个直切槽。为了获得锐利的裂纹尖端(便于裂纹起裂),切槽尖端使用 0.1 mm 厚度的金刚石线锯进行锐化。图 4-1 为 NSCB 煤样制备过程及加载方式。经测试,煤样的单轴抗压强度为 42.71 MPa,抗拉强度为 2.06 MPa,黏聚力为 6.35 MPa,内摩擦角为 29.58°,弹性模量为 2.65 GPa,泊松比为 0.326。

上述试样加工完成后随机分为自然状态、水基压裂液和酸性压裂液三组,每组 15 个试样。自然状态煤样采用自然风干 24 h 的方法获得;而水基压裂液和酸性压裂液的制备,考虑到我国煤层气井主要采用活性水压裂液,为降低施工成本,常采用清水加 0.5%～2.0% KCl 进行配方。Z. P. Wang 等[35]通过一系列表征试验,研究了不同盐酸含量的酸基压裂液对煤微观结构的影响,发现盐酸含量为 3%～

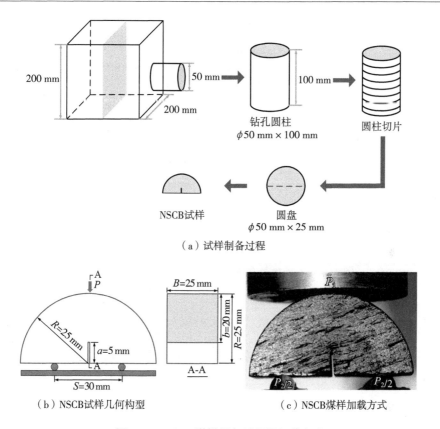

（a）试样制备过程

（b）NSCB试样几何构型　　　（c）NSCB煤样加载方式

图 4 - 1　NSCB 煤样制备过程及加载方式

5％时,最有利于煤层气的开采。因此,本研究选用清水加 2.0％KCl 作为水基压裂
液配方,选用质量分数为 5％的盐酸溶液作为酸性压裂液。水基压裂液和酸性压
裂液处理煤样过程如下:首先,将两组煤样在干燥箱内 60 ℃干燥 24 h,然后将干燥
后的两组煤样分别放入盛有水基压裂液和酸性压裂液的烧杯中使其完全浸没。图
4 - 2 为不同压裂液作用下 NSCB 煤样质量变化曲线,可以看出,质量曲线可分为
快速增长阶段(Ⅰ)、缓慢增长阶段(Ⅱ)和稳定阶段(Ⅲ)。两组煤样均选取浸泡
20 h 的稳定阶段 A 点作为饱和点,酸性压裂液处理煤样质量低于水基压裂液处理
煤样,两者相较自然煤样(平均质量 31 g)分别降低了 6.77％和 8.39％。与自然煤
样对比,是为了分析煤样经过干燥后浸泡水基压裂液和酸性压裂液所发生的溶蚀
作用和渗吸作用的共同影响。对比发现,干燥煤样通过吸收水基压裂液和酸性压
裂液,质量发生了一定的增长,但由于两种压裂液的溶蚀作用,导致其饱和质量并
不能达到自然煤样的质量水平,且酸性压裂液作用后煤样质量要低于水基压裂液
组,反映了酸性压裂液对煤样更强的矿物溶蚀作用。

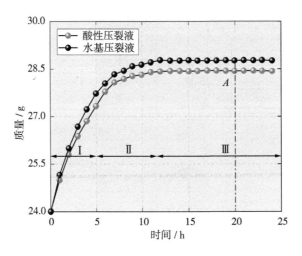

图 4‐2　不同压裂液作用下 NSCB 煤样质量变化曲线

4.1.2　试验系统

采用中南大学的分离式霍普金森杆冲击加载系统(SHPB)进行 NSCB 煤样的动态断裂韧度测试,冲击杆的直径为 50 mm,如图 4‐3 所示。该试验系统由高压

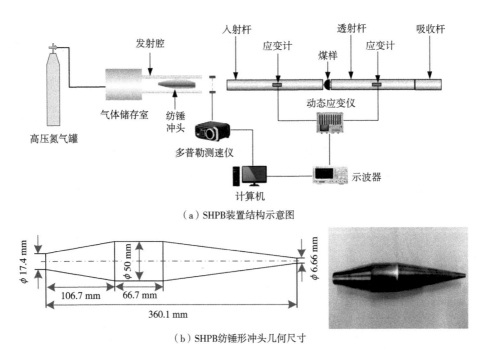

(a) SHPB装置结构示意图

(b) SHPB纺锤形冲头几何尺寸

图 4‐3　SHPB 试验加载系统

氮气罐、气体储存室、入射杆、透射杆、吸收杆等组成,如图 4 - 3(a)所示。其中,长度为 2 000 mm 的入射杆和透射杆、长度为 900 mm 的吸收杆以及纺锤形冲头的材质均为 40Cr 合金钢,其密度为 7 810 kg/m³,弹性模量为 250 GPa,纵波波速为 5 400 m/s,SHPB 系统实物图及纺锤形冲头几何尺寸如图 4 - 3(b)所示。为了获得不同冲击载荷下的测试结果,试验设定五组加载气压,依次为 0.30 MPa、0.35 MPa、0.40 MPa、0.45 MPa、0.50 MPa。冲击加载过程中,煤样的应力、应变变化信号由粘贴在杆件中部的应变片实时采集记录。

4.1.3　数据处理

根据应力均匀假设和三波法理论[194-196],SHPB 加载系统的应变率和动态应力-应变方程为:

$$\dot{\varepsilon}(t) = \frac{c}{l_s}(\varepsilon_i - \varepsilon_r - \varepsilon_t) \tag{4-1}$$

$$\varepsilon(t) = \frac{c}{l_s}\int_0^t (\varepsilon_i - \varepsilon_r - \varepsilon_t)\,dt \tag{4-2}$$

$$\sigma(t) = \frac{A}{2A_s}E(\varepsilon_i + \varepsilon_r + \varepsilon_t) \tag{4-3}$$

式中,E 为压杆的弹性模量,c 为弹性波波速,A 为压杆横截面积;A_s 为试样的初始横截面积,l_s 为试样初始长度,ε_i 为杆中的入射波应变,ε_r 为反射波应变,ε_t 为透射波应变。

根据国际岩石力学学会(ISRM)推荐的 NSCB 试样Ⅰ型断裂韧度测试方法,动态断裂韧度 K_{Id} 计算公式如下[197]:

$$K_{Id} = Y'P_{max}S/BR^{3/2} \tag{4-4}$$

$$Y' = 0.444\,4 + 4.219\,8\alpha_a - 9.110\,1\alpha_a^2 + 16.952\alpha_a^3 \tag{4-5}$$

$$P_1(t) = AE(\varepsilon_i + \varepsilon_r) \tag{4-6}$$

$$P_2(t) = AE\varepsilon_t \tag{4-7}$$

式中,Y' 为无量纲应力强度因子,$P_1(t)$ 和 $P_2(t)$ 为试样两端加载力,P_{max} 为试样破坏的峰值载荷,R 为试样半径,无量纲切槽深度 $\alpha_a = a/R$。

在整个冲击加载过程中,能量以应力波的形式在杆与试样之间传递。根据一维应力波理论和能量守恒定律,可得压缩波产生的弹性能为:

$$W = E \cdot A \cdot C\int_0^t \varepsilon^2(t)\,dt \tag{4-8}$$

式中,C 为声波的波速。试样吸收的总能量为:

$$\Delta W = W_i - W_r - W_t = W_G + K \tag{4-9}$$

式中，W_i 为入射波产生的弹性能；W_r 为反射波产生的弹性能；W_t 为透射波产生的弹性能；W_G 为试样产生裂缝所需的断裂能；K 为试样破坏后的残余动能。

在以往的研究中，由于试样破断后的破碎率难以确定，因此将试样吸收总能量近似等于断裂能。Z. X. Zhang 等[197]提出用高速摄像机记录测量碎片的平移动能。平移速度 V_T 可由高速摄像机图像记录的质心平移距离和相应时间计算得到。根据旋转角度 α 和对应时间计算角速度 w，如图 4-4(a)所示。根据每个时间步长的相对图像可以量化碎片的局部质心坐标和旋转角度。在初始阶段，V_T 有减小的趋势，但 w 随着时间的增加而不断增大，如图 4-4(b)所示，表明角速度 w 以平移速度 V_T 的减小为代价而增大。上述两个速度参数最终收敛为一个常数，这表明总动能是不变的。由碎片各时间步长对应的速度，可得出旋转动能 $T_{Rot.}$ 和平移动能 $T_{Tra.}$ 如下：

$$\left.\begin{aligned} T_{Rot.} &= \frac{1}{2}Iw^2 \\ T_{Tra.} &= \frac{1}{2}mv_T^2 \end{aligned}\right\} \tag{4-10}$$

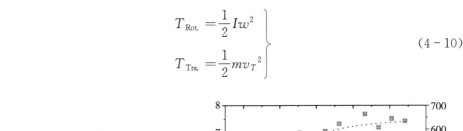

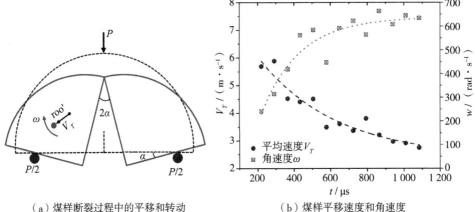

（a）煤样断裂过程中的平移和转动   （b）煤样平移速度和角速度

图 4-4　NSCB 煤样断裂过程中的平移速度和角速度

两个碎片的总动能 T 为：

$$T = 2(T_{Tra.} + T_{Rot.}) = mv_T^2 + Iw^2 \tag{4-11}$$

式中，m 为单个碎片质量；I 为绕旋转轴的转动惯量，其计算公式如下：

$$I = \frac{R^2}{36\pi^2}(9\pi^2 + 18\pi - 128)m \tag{4-12}$$

冲击试验前在煤样和支撑底座接触处涂抹少量凡士林作为润滑剂，以减小摩擦效应给试验结果带来的影响。为保证试验数据的有效性,需对每一次动态试验数据进行平衡力检测,典型酸蚀煤样 SHPB 动态应力平衡曲线如图 4-5 所示。在整个加载过程中入射波与反射波的叠加曲线基本上与透射波曲线重合,因此符合应力均匀性假设,可以忽略惯性效应,采用准静态理论进行分析[198]。

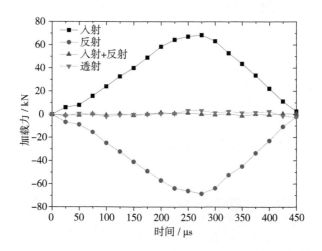

图 4-5　NSCB 无烟煤样 SHPB 动态平衡测试

4.2　试验结果与分析

4.2.1　煤样动态破坏过程及裂纹扩展特征

为了研究不同压裂液作用后煤样动态裂纹扩展的演化特征,采用高速摄像机(Phantom V711)记录了不同加载气压和压裂液下煤样的典型破坏过程,如图 4-6 所示。对比不同压裂液作用下煤样裂纹起裂时刻(同组压裂液中五种加载气压的平均值)可得,自然状态煤样的裂纹平均起裂时刻为 235.4 μs,水基压裂液作用煤样为 237.6 μs,酸性压裂液作用煤样裂纹平均起裂时刻(246.4 μs)较水基压裂液作用煤样滞后 8.8 μs,较自然煤样滞后 11 μs。而从主裂纹起裂到贯通的整个过程中,自然状态煤样平均用时 314.6 μs,水基压裂液作用煤样用时 246.4 μs,酸性压裂液作用煤样(211.2 μs)平均用时较自然组和水基压裂液组分别减少 103.4 μs 和 35.2 μs。表明酸性压裂液作用煤样裂纹起裂时刻要滞后于水基压裂液和自然状态煤样,但主裂纹从萌生到贯通所用时长要小于其他两组。

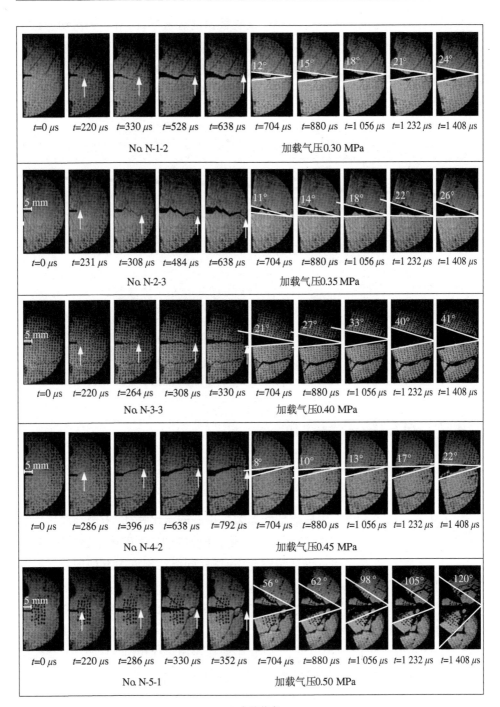

$t=0\ \mu s$ $t=220\ \mu s$ $t=330\ \mu s$ $t=528\ \mu s$ $t=638\ \mu s$ $t=704\ \mu s$ $t=880\ \mu s$ $t=1\ 056\ \mu s$ $t=1\ 232\ \mu s$ $t=1\ 408\ \mu s$

No. N-1-2   加载气压0.30 MPa

$t=0\ \mu s$ $t=231\ \mu s$ $t=308\ \mu s$ $t=484\ \mu s$ $t=638\ \mu s$ $t=704\ \mu s$ $t=880\ \mu s$ $t=1\ 056\ \mu s$ $t=1\ 232\ \mu s$ $t=1\ 408\ \mu s$

No. N-2-3   加载气压0.35 MPa

$t=0\ \mu s$ $t=220\ \mu s$ $t=264\ \mu s$ $t=308\ \mu s$ $t=330\ \mu s$ $t=704\ \mu s$ $t=880\ \mu s$ $t=1\ 056\ \mu s$ $t=1\ 232\ \mu s$ $t=1\ 408\ \mu s$

No. N-3-3   加载气压0.40 MPa

$t=0\ \mu s$ $t=286\ \mu s$ $t=396\ \mu s$ $t=638\ \mu s$ $t=792\ \mu s$ $t=704\ \mu s$ $t=880\ \mu s$ $t=1\ 056\ \mu s$ $t=1\ 232\ \mu s$ $t=1\ 408\ \mu s$

No. N-4-2   加载气压0.45 MPa

$t=0\ \mu s$ $t=220\ \mu s$ $t=286\ \mu s$ $t=330\ \mu s$ $t=352\ \mu s$ $t=704\ \mu s$ $t=880\ \mu s$ $t=1\ 056\ \mu s$ $t=1\ 232\ \mu s$ $t=1\ 408\ \mu s$

No. N-5-1   加载气压0.50 MPa

(a) 自然状态

图 4 - 6 不同压裂液作用下 NSCB 煤样动态断裂过程

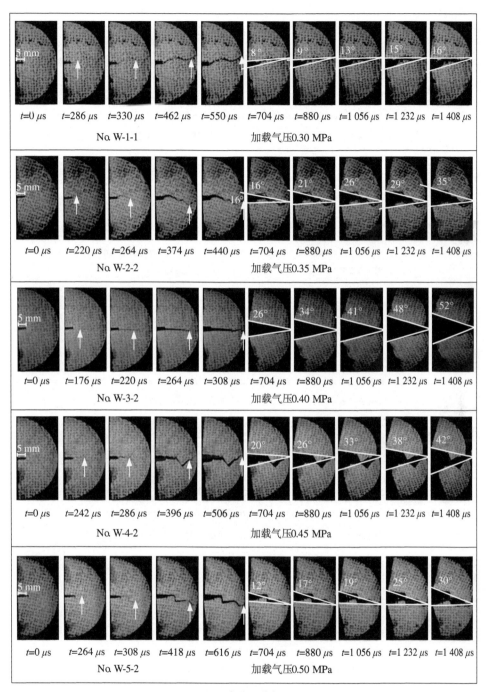

(b) 水基压裂液

图 4‑6 （续）

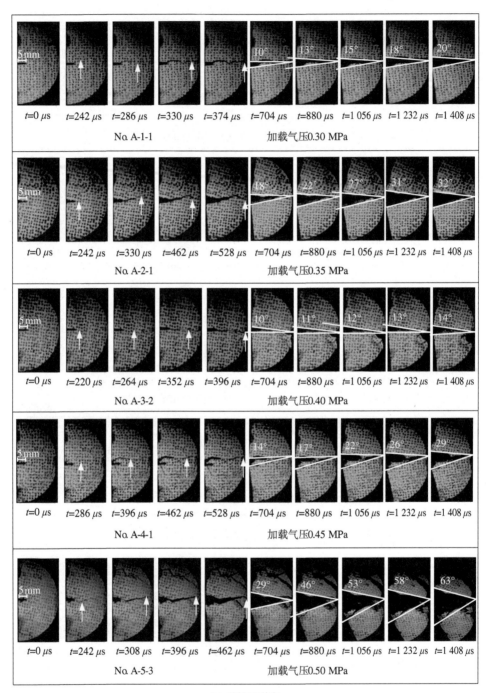

$t=0\ \mu s$　　$t=242\ \mu s$　　$t=286\ \mu s$　　$t=330\ \mu s$　　$t=374\ \mu s$　　$t=704\ \mu s$　　$t=880\ \mu s$　　$t=1\ 056\ \mu s$　　$t=1\ 232\ \mu s$　　$t=1\ 408\ \mu s$

№ A-1-1　　　　　　　　加载气压0.30 MPa

$t=0\ \mu s$　　$t=242\ \mu s$　　$t=330\ \mu s$　　$t=462\ \mu s$　　$t=528\ \mu s$　　$t=704\ \mu s$　　$t=880\ \mu s$　　$t=1\ 056\ \mu s$　　$t=1\ 232\ \mu s$　　$t=1\ 408\ \mu s$

№ A-2-1　　　　　　　　加载气压0.35 MPa

$t=0\ \mu s$　　$t=220\ \mu s$　　$t=264\ \mu s$　　$t=352\ \mu s$　　$t=396\ \mu s$　　$t=704\ \mu s$　　$t=880\ \mu s$　　$t=1\ 056\ \mu s$　　$t=1\ 232\ \mu s$　　$t=1\ 408\ \mu s$

№ A-3-2　　　　　　　　加载气压0.40 MPa

$t=0\ \mu s$　　$t=286\ \mu s$　　$t=396\ \mu s$　　$t=462\ \mu s$　　$t=528\ \mu s$　　$t=704\ \mu s$　　$t=880\ \mu s$　　$t=1\ 056\ \mu s$　　$t=1\ 232\ \mu s$　　$t=1\ 408\ \mu s$

№ A-4-1　　　　　　　　加载气压0.45 MPa

$t=0\ \mu s$　　$t=242\ \mu s$　　$t=308\ \mu s$　　$t=396\ \mu s$　　$t=462\ \mu s$　　$t=704\ \mu s$　　$t=880\ \mu s$　　$t=1\ 056\ \mu s$　　$t=1\ 232\ \mu s$　　$t=1\ 408\ \mu s$

№ A-5-3　　　　　　　　加载气压0.50 MPa

(c) 酸性压裂液

图 4-6 （续）

图4-7为不同加载气压和压裂液作用下 NSCB 煤样主裂纹贯穿形态,可以看出,自然状态、水基压裂液和酸性压裂液分组中,加载气压为 0.40 MPa 的煤样中主裂纹扩展路径较为平直。而其他煤样则存在不同程度的扩展路径弯折效应,如自然状态煤样在 0.30 MPa 加载气压作用下裂纹扩展路径呈现两次方向相反的扩展,弯折角度分别为 116°和 132°;加载气压为 0.35 MPa 的煤样则呈现四次弯折扩展,其中三次弯折方向朝上(弯折角度为 90°、90°和 124°),一次朝下(弯折角度为 124°),整体呈多级台阶状弯折扩展,且四次弯折角度均为直角或钝角;加载气压为 0.45 MPa 的煤样扩展路径较为简单,呈弯折角度 165°向上扩展。整体而言,各煤样的扩展弯折角均为直角或钝角。且加载气压为 0.30 MPa 和 0.35 MPa 的煤样更易出现多级台阶状弯折路径,而加载气压为 0.40 MPa 的煤样,其主裂纹扩展路径较为平直,表现出典型的 I 型拉伸断裂特征;加载气压为 0.45 MPa 和 0.50 MPa 的自然状态和酸性压裂液作用煤样多呈一次钝角弯折扩展,但水基压裂液组煤样呈多次弯折扩展,如 0.50 MPa 加载气压下的水基压裂液作用煤样,呈现两次向下弯折(弯折角度为 99°和 123°)和两次向上弯折(弯折角度为 106°和 123°)路径扩展。该试验结果与谢和平提出的动态分形裂纹扩展弯折效应相吻合[199]。

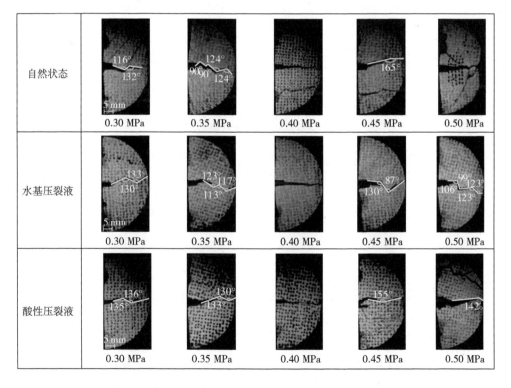

图4-7　不同压裂液作用下 NSCB 煤样中裂纹扩展弯折角

　　由图4-6可知各煤样中主裂纹贯穿整个试样后试样劈裂为两半,且绕着试样与入射杆的接触点向相反方向转动,其转动角度随时间的增长而不断增大。图4-8给出了不同压裂液和冲击气压作用下NSCB煤样破断后转动角度随时间变化情况,由拟合曲线方程可知不同压裂液处理后煤样的转动角度随时间推移均呈逐渐增大趋势;分析拟合曲线斜率可知,煤样整体转动破坏过程近似为匀速转动。其中,自然状态煤样的转动角速度为99.11～842.48 rad/s,平均角速度为381.59 rad/s;水基压裂液作用煤样的转动角速度为198.23～644.25 rad/s,平均角速度为460.89 rad/s;酸性压裂液作用煤样的转动角速度为297.34～1585.85 rad/s,平均角速度为619.47 rad/s。可以看出,酸性压裂液作用煤样的转

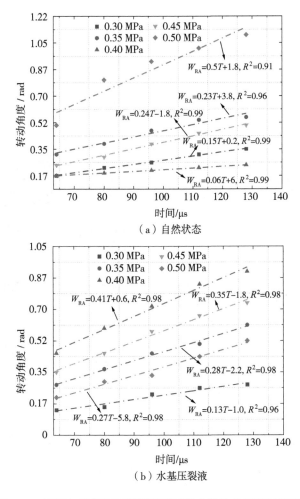

（a）自然状态

（b）水基压裂液

图4-8　不同加载气压下煤样断裂过程中转动角度随时间变化

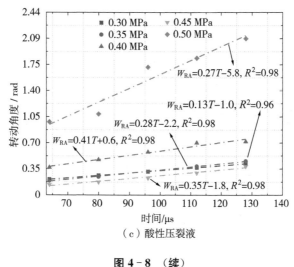

（c）酸性压裂液

图 4-8　（续）

动角速度要高于其他两组,较自然状态煤样和水基压裂液作用煤样分别提高了62.34%和34.41%。此外,该测试结果与以往 NSCB 花岗岩试样的匀速转动测试结论一致[198],但各组煤样的转动角速度均高于花岗岩(约为 314 rad/s)。

4.2.2　煤样Ⅰ型动态断裂韧性响应特征

为探讨不同加载气压和压裂液作用下煤样的动态断裂韧度变化情况,共测试获取了 42 个试样的动态断裂韧度参数,如表 4-1 所示。分析可得,自然状态煤样的峰值载荷为 1.250~2.870 MPa,断裂韧度为 0.389~0.897 MPa·m$^{1/2}$;水基压裂液作用煤样的峰值载荷为 1.060~3.270 MPa,断裂韧度为 0.331~0.741 MPa·m$^{1/2}$;酸性压裂液作用煤样的峰值载荷为 0.411~3.280 MPa,断裂韧度为 0.302~0.879 MPa·m$^{1/2}$。图 4-9 为煤样在不同加载气压下动态断裂韧度变化规律,由图 4-9(a)可知,煤样的平均动态断裂韧度与加载气压呈正相关,加载气压越大,平均断裂韧度也越大,动态断裂韧度表现出较强的率响应特征。相较于0.30 MPa 的加载气压,0.50 MPa 加载气压下,煤样的平均动态断裂韧度提高了80.6%。由图 4-9(b)可知,加载气压在 0.30~0.483 MPa 时,自然状态下煤样动态断裂韧度始终大于水基压裂液和酸性压裂液作用煤样的动态断裂韧度,但加载气压在 0.483~0.50 MPa 时,水基压裂液作用下煤样动态断裂韧度拟合直线的斜率大于自然状态组,并在加载气压为 0.50 MPa 时超过自然状态试样的动态断裂韧度。当加载气压在 0.30~0.35 MPa 时,酸性压裂液处理试样的动态断裂韧度大于水基压裂液作用下试样动态断裂韧度。而当加载气压超过 0.35 MPa 后,水基压裂液处理试样的动态断裂韧度更大。三组煤样的动态断裂韧度随加载气压变化拟合方程如式(4-13)所示。

$$\begin{cases} \text{自然状态}: K_{\mathrm{Id}} = 1.450\ 67P + 0.090\ 8, R^2 = 0.67 \\ \text{水基压裂液}: K_{\mathrm{Id}} = 2.324\ 15P - 0.335\ 5, R^2 = 0.78 \\ \text{酸性压裂液}: K_{\mathrm{Id}} = 1.316\ 11P + 0.022\ 6, R^2 = 0.47 \end{cases} \quad (4-13)$$

表 4-1 不同加载气压和压裂液作用下煤样的动态断裂韧度

试样状态	加载压力 /MPa	试样编号	峰值载荷 /MPa	平均值 ± 标准差/MPa	断裂韧度 /(MPa·m^{1/2})	平均值 ±标准差/(MPa·m^{1/2})
自然状态	0.30	N-1-1	1.740		0.545	
	0.30	N-1-2	1.710	1.567±0.224	0.533	0.489±0.071
	0.30	N-1-3	1.250		0.389	
	0.35	N-2-1	2.340		0.730	
	0.35	N-2-2	1.830	2.083±0.208	0.572	0.651±0.064
	0.35	N-2-3	2.080		0.650	
	0.40	N-3-1	2.350		0.734	
	0.40	N-3-2	1.940	2.143±0.167	0.604	0.668±0.053
	0.40	N-3-3	2.140		0.666	
	0.45	N-4-1	2.250		0.702	
	0.45	N-4-2	2.200	2.377±0.215	0.687	0.742±0.067
	0.45	N-4-3	2.680		0.835	
	0.50	N-5-1	2.870		0.897	
	0.50	N-5-2	2.310	2.587±0.229	0.719	0.807±0.073
	0.50	N-5-3	2.580		0.803	
水基压裂液	0.30	W-1-1	3.270		—	
	0.30	W-1-2	1.730	2.110±0.836	0.539	0.477±0.062
	0.30	W-1-3	1.330		0.415	
	0.35	W-2-1	1.160		0.363	
	0.35	W-2-2	1.670	1.297±0.267	0.521	0.405±0.083
	0.35	W-2-3	1.060		0.331	
	0.40	W-3-1	1.350		0.422	
	0.40	W-3-2	2.290	1.837±0.384	0.717	0.574±0.121
	0.40	W-3-3	1.870		0.584	

表4-1(续)

试样状态	加载压力 /MPa	试样编号	峰值载荷 /MPa	平均值 ± 标准差/MPa	断裂韧度 /(MPa·m^{1/2})	平均值 ±标准 差/(MPa·m^{1/2})
水基压裂液	0.45	W-4-1	2.150		0.671	
	0.45	W-4-2	1.890	2.050±0.114	0.590	0.640±0.035
	0.45	W-4-3	2.110		0.659	
	0.50	W-5-1	2.250		0.705	
	0.50	W-5-2	1.790	2.140±0.253	0.560	0.668±0.078
	0.50	W-5-3	2.380		0.741	
酸性压裂液	0.30	A-1-1	1.160		0.361	
	0.30	A-1-2	0.960	1.037±0.088	0.302	0.324±0.027
	0.30	A-1-3	0.992		0.309	
	0.35	A-2-1	1.620		0.505	
	0.35	A-2-2	2.250	1.427±0.763	0.702	0.604±0.009
	0.35	A-2-3	0.411		—	
	0.40	A-3-1	3.280		1.002	
	0.40	A-3-2	1.920	2.240±0.753	0.600	0.538±0.062
	0.40	A-3-3	1.520		0.476	
	0.45	A-4-1	1.810		0.566	
	0.45	A-4-2	2.340	2.197±0.276	0.730	0.685±0.085
	0.45	A-4-3	2.440		0.760	
	0.50	A-5-1	2.640		0.824	
	0.50	A-5-2	—	2.725±0.085	—	0.851±0.027
	0.50	A-5-3	2.810		0.879	

注:试样的第一位编号 N/W/A 分别表示煤样所受不同压裂液作用;第二位编号1~5分别表示0.3 MPa、0.35 MPa、0.40 MPa、0.45 MPa、0.50 MPa 五种加载气压;第三位编号1~3分别表示3组平行试样。

在煤层钻井和水力压裂过程中,上述公式为获得水基压裂液和酸性压裂液作用后无烟煤储层在不同射孔压力诱发动态I型断裂韧度变化特征方面提供了理论参考。此外,还可采取相应的防治技术措施,保证井壁稳定,防止水力裂缝诱导扩展失稳。

整体而言,自然状态煤样的动态断裂韧度最大,而酸性压裂液作用煤样在冲击气压高于0.35 MPa后表现出较水基压裂液更低的断裂韧度值,且两者之间的差值随冲击气压的增大而不断增加,表明在更高加载气压条件下酸性压裂液处理后的煤样更容易产生裂纹起裂,也更有利于进行煤层压裂造缝,因此在钻井和水力压裂中需考虑高加载率的影响。

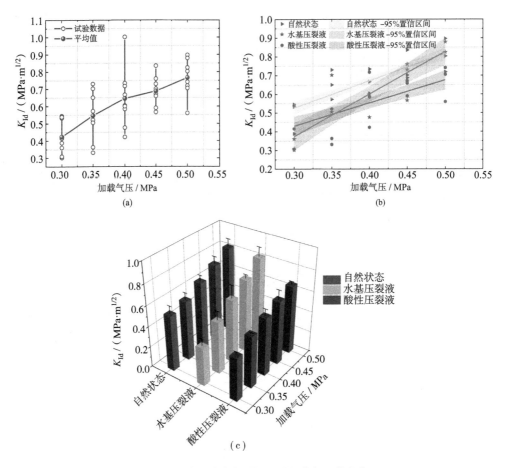

图 4-9 煤样动态断裂韧度随加载气压的变化

4.2.3 计盒维数原理下裂纹分形维数

为进一步对煤样中裂纹扩展路径的弯折程度进行定量表征,引入裂纹扩展路径分形维数 D。使用 MATLAB 程序首先对 NSCB 煤样分形裂纹扩展高速相机图像进行二值化处理和裂纹扩展路径提取(图 4-10),将处理后的裂纹图像用边长 δ 的等效网格进行划分,基于计盒维数原理(式 4-14)可计算不同冲击气压和压裂液作用下煤样裂纹扩展分形维数,具体流程如图 4-11 和图 4-12 所示。

$$\dim_{B} F = \lim_{\delta \to 0} \frac{\ln N_{\delta}(F)}{-\ln \delta} \tag{4-14}$$

式中,F 为任意非空有界子集,$N_{\delta}(F)$ 为边长为 δ 的盒子与 F 相交个数,集合 F 的盒维数记为 $\dim_{B} F^{[200]}$。

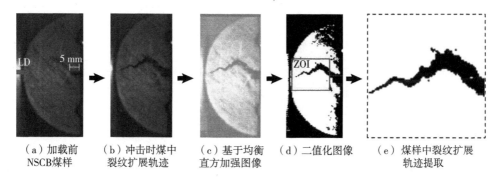

（a）加载前　　（b）冲击时煤中　（c）基于均衡　（d）二值化图像　（e）煤样中裂纹扩展
NSCB煤样　　裂纹扩展轨迹　直方加强图像　　　　　　　　　　轨迹提取

图4‑10　NSCB煤样分形裂纹扩展高速相机图像处理流程

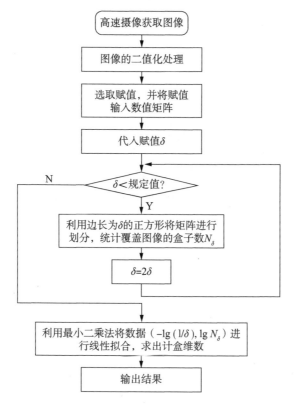

图4‑11　计盒维数法流程图

从图4‑13可以看出,冲击气压及压裂液对无烟煤裂纹扩展迹线弯折程度存在显著的影响,随着冲击气压不断增大,煤样裂纹扩展路径分形维数均呈增大趋势,且酸化后煤样分形维数始终大于水基压裂液,自然状态煤样分形维数最小。0.30 MPa、0.35 MPa、0.40 MPa、0.45 MPa、0.50 MPa气压下酸性压裂液作用煤样分形维数是

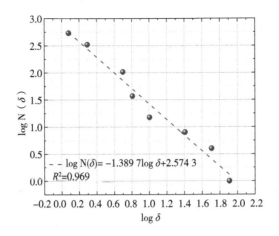

图 4-12　煤样中裂纹扩展轨迹的分维计算方法

水基压裂液的 1.066、1.066、1.078、1.089、1.087 倍,是自然状态煤样的 1.119、1.114、1.136、1.146、1.157 倍。可以看出,随着冲击气压的不断增大,分形维数的倍数关系整体也随之不断增大。结果表明,在试验测试气压范围内(0.30～0.50 MPa),冲击气压越高,酸化压裂液对煤样作用后形成的裂纹分形维数越大,裂纹扩展路径越复杂。但其中也存在一些异常值,如加载气压为 0.30 MPa 和 0.35 MPa 时测试的煤样分形维数并非增大,这是由于煤中存在大量原生层理、节理裂隙等缺陷,导致主裂纹扩展路径会沿薄弱结构面偏转,因此导致测试值存在一定的离散性。

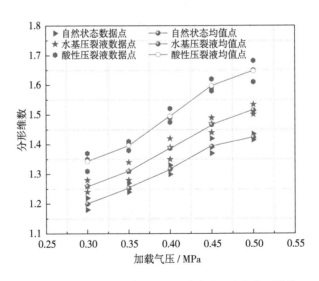

图 4-13　不同加载气压下煤样裂纹扩展迹线分形维数

4.2.4　煤样断裂过程能量耗散规律

由于煤体受载压裂破坏的本质是能量的吸收、储存和耗散,因此探索酸性压裂液作用后煤的动态断裂能分布规律对酸化压裂增透技术具有重要意义。不同加载气压和压裂液作用下煤样能量统计结果如表4-2所示。可以看出,加载气压与冲击动能成正比。当入射波能量在入射杆和透射杆之间传递时,不可避免会发生多次反射和透射[201],因此试样吸收能量占入射总能量的比例不足8%。此外,自然状态和酸性压裂液作用煤样的吸收能均随冲击气压的增加而不断增大,但水基压裂液作用煤样的吸收能对加载气压响应不敏感。图4-14为不同冲击气压和压裂液作用下煤样入射能变化情况,可以看出,各组煤样的入射能均随加载气压的增大呈指数函数增大[拟合函数见式(4-15)],且自然状态煤样入射能整体高于水基压裂液和酸性压裂液处理煤样。

$$\begin{cases} 自然状态:W_{R-N} = 1\ 499.17^P, R^2 = 0.97 \\ 水基压裂液:W_{R-W} = 1\ 010.47^P, R^2 = 0.79 \\ 酸性压裂液:W_{R-A} = 491.39^P, R^2 = 0.88 \end{cases} \quad (4-15)$$

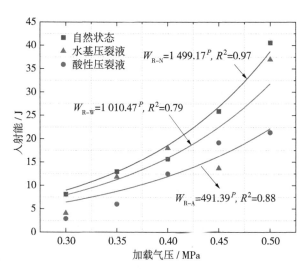

图4-14　不同冲击气压和压裂液作用下煤样入射能变化情况

煤岩中断裂面形成与微裂纹扩展所需能量主要来源于煤岩破坏过程中的断裂能。图4-15为煤样断裂能随加载压力的变化情况。可以看出,煤样的断裂能随加载气压增大亦呈指数函数关系增长,且自然状态煤样所需的断裂能更大。酸性压裂液处理后煤样所需断裂能与水基压裂液组的差值随加载气压增大不断增大,表明加载气压越高,酸性压裂液处理后煤样所需断裂能较水基压裂液更具有显著的优势。

表 4-2 煤样在不同加载气压和压裂液作用下能量统计结果

试样状态	加载气压/MPa	冲击动能/J	入射能/J	吸收能/J	残余动能/J	断裂能/J	能量耗散率/%
自然状态	0.30	$12.036_2 \pm 0.120$	$8.115_2 \pm 0.325$	$0.275_2 \pm 0.084$	$0.008_2 \pm 0.005$	$0.265_2 \pm 0.079$	$2.22_2 \pm 0.68$
	0.35	$28.362_3 \pm 2.112$	$12.960_3 \pm 0.247$	$0.180_3 \pm 0.095$	$0.032_3 \pm 0.012$	$0.148_3 \pm 0.099$	$0.50_3 \pm 0.30$
	0.40	$36.947_3 \pm 0.210$	$15.697_3 \pm 2.026$	$0.495_3 \pm 0.088$	$0.020_3 \pm 0.013$	$0.474_3 \pm 0.078$	$1.28_3 \pm 0.22$
	0.45	$48.145_3 \pm 0.367$	$25.920_3 \pm 0.902$	$0.950_3 \pm 0.204$	$0.038_3 \pm 0.006$	$0.912_3 \pm 0.214$	$1.89_3 \pm 0.43$
	0.50	$77.172_2 \pm 1.871$	$40.55_2 \pm 2.650$	$1.202_2 \pm 0.218$	$0.087_2 \pm 0.048$	$1.115_2 \pm 0.266$	$1.44_2 \pm 0.31$
水基压裂液	0.30	$12.22_2 \pm 0.387$	$2.892_2 \pm 0.348$	$0.172_2 \pm 0.110$	$0.009_2 \pm 0.002$	$0.164_2 \pm 0.107$	$1.31_2 \pm 0.84$
	0.35	$28.224_2 \pm 0.736$	$6.023_2 \pm 0.257$	$0.108_2 \pm 0.089$	$0.005_2 \pm 0.004$	$0.103_2 \pm 0.085$	$0.36_2 \pm 0.29$
	0.40	$34.696_3 \pm 2.758$	$12.509_3 \pm 0.447$	$0.276_3 \pm 0.084$	$0.055_3 \pm 0.023$	$0.221_3 \pm 0.107$	$0.62_3 \pm 0.27$
	0.45	$48.361_3 \pm 0.175$	$19.203_3 \pm 1.333$	$0.538_3 \pm 0.204$	$0.034_3 \pm 0.019$	$0.504_3 \pm 0.189$	$1.04_3 \pm 0.65$
	0.50	$79.853_2 \pm 1.517$	$21.341_2 \pm 0.459$	$0.344_2 \pm 0.299$	$0.047_2 \pm 0.012$	$0.298_2 \pm 0.287$	$0.38_2 \pm 0.37$
酸性压裂液	0.30	$12.302_3 \pm 0.088$	$4.059_2 \pm 0.674$	$0.266_2 \pm 0.071$	$0.023_3 \pm 0.007$	$0.243_3 \pm 0.006$	$1.97_2 \pm 0.52$
	0.35	$27.881_3 \pm 0.700$	$11.844_3 \pm 0.127$	$0.575_3 \pm 0.166$	$0.029_3 \pm 0.021$	$0.546_3 \pm 0.169$	$1.97_3 \pm 0.63$
	0.40	$36.855_3 \pm 0.169$	$18.052_3 \pm 0.287$	$0.006_3 \pm 0.201$	$0.022_3 \pm 0.015$	$0.577_3 \pm 0.201$	$1.57_3 \pm 0.55$
	0.45	$49.204_2 \pm 1.300$	$13.705_2 \pm 7.254$	$0.546_2 \pm 0.346$	$0.027_2 \pm 0.009$	$0.814_2 \pm 0.337$	$1.67_2 \pm 0.73$
	0.50	$78.183_2 \pm 0.123$	$36.971_2 \pm 0.929$	$1.723_2 \pm 0.627$	$0.244_2 \pm 0.192$	$1.479_2 \pm 0.819$	$1.89_2 \pm 1.04$

注：数据用"平均值$_{试样数量}$±标准差"形式式表示。

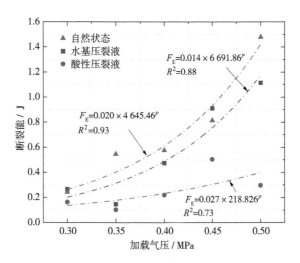

图 4-15　不同压裂液作用下煤样断裂能随气压变化情况

图 4-16 为煤样残余动能随加载气压的变化情况。分析可知,当加载气压在 0.30~0.50 MPa 时,NSCB 煤样残余动能在 0.003~0.142 J 范围内。煤样残余动能随加载气压的增加整体呈增大趋势,但离散性较强,当加载气压为 0.40 MPa 时,煤样整体离散性最大。

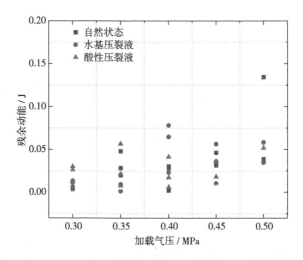

图 4-16　不同压裂液作用下煤样残余动能随加载气压变化情况

图 4-17 为不同压裂液作用下煤样能量耗散率(断裂能与冲击动能之比)随加载气压变化情况,可以看出,动载冲击下煤样能量耗散率随加载气压的增大整体呈减小趋势,且酸化压裂作用煤样的能量耗散率整体高于自然状态和水基压裂液组煤样。

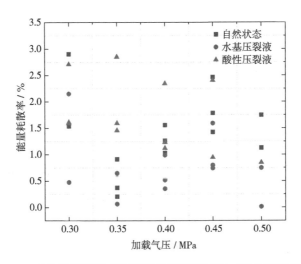

图 4-17　不同压裂液作用下煤样能量耗散率随加载气压变化情况

4.3　讨论

4.3.1　冲击载荷下酸蚀煤样断面细观结构

为了探究不同冲击气压和压裂液作用下无烟煤样的细观断裂结构,利用蔡司扫描电镜(SEM)对不同压裂液和冲击气压作用下煤样的细观断裂形貌进行放大 1 000 倍扫描,以对比分析其细观结构特征。扫描区域避免选取较大孔隙和边缘区域,尽量选取各煤样中煤基质和孔隙分布相对均匀的区域。扫描完成后,采用 PCAS 图像识别与分析系统[202]对不同压裂液作用下的煤样 SEM 图像中裂缝和孔隙进行识别和量化。该系统可实现煤样 SEM 图像中多个二值化孔隙图像的导入、杂波的自动去除、孔隙的自动识别和分割、统计参数和几何参数的输出、玫瑰图的显示以及各参数的计算。处理后图像黑色区域为煤基质,彩色区域为孔隙和裂隙(图 4-18)。

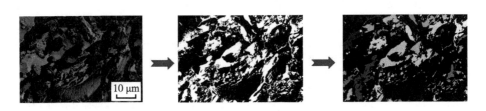

图 4-18　煤样的二值化图像处理过程

　　无烟煤试样表面和断口处细观结构如图4-19所示。通过图4-19(a)可以看出,无烟煤样上下表面较为平整,矿物颗粒排列紧密,但仍存在原生层理和节理弱面,这些原生缺陷在应力波传播过程中会诱发应力场的不均匀分布,导致主裂纹起裂方向沿结构薄弱面偏移,最终形态为非平面扩展轨迹。动载作用下自然状态、水基压裂液和酸性压裂液作用后煤样的断面细观形貌如图4-19(b)、图4-19(c)和图4-19(d)所示。可以看出,自然煤样断面产生一些断层和新生裂隙,断面整体具有显著粗糙度特征;水基压裂液作用下煤样断面细观结构呈现更为显著和数量更多的新生断层和裂隙,且断口处宏观形貌具有较大的凹陷断面;酸性压裂液作用下煤样断面细观结构则存在大小不一的溶蚀孔隙。

(a)煤样表面细观结构

图4-19　不同压裂液作用下煤样表面及断口细观结构特征

（b）自然状态煤样断面细观结构

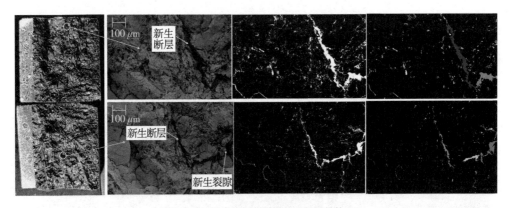

（c）水基压裂液作用下煤样断面细观结构

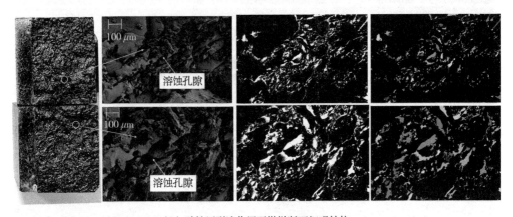

（d）酸性压裂液作用下煤样断面细观结构

图 4 - 19 （续）

　　为了进一步定量统计对比不同压裂液和冲击气压作用下煤样裂隙孔隙分布特征,计算各煤样的概率熵值如图 4 - 20 所示。

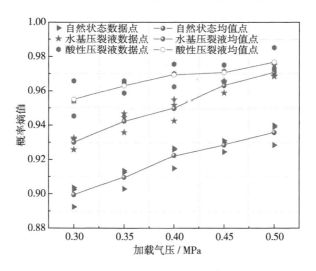

图 4‑20　不同压裂液作用下煤样断口处孔隙概率熵值

概率熵[203]是描述细观结构图像中孔隙取向的指标，取值范围为 0～1。当概率熵值为零时，图像中所有的孔隙都在同一方向。相反，当概率熵值为 1 时，图像中所有的孔隙都是随机分布的。可以看出，煤样断面的孔隙概率熵随冲击气压的增加而不断增大。与自然状态煤样相比，不同冲击气压加载下水基压裂液和酸性压裂液作用煤样的平均概率熵值分别增加了 3.400%、3.601%、2.961%、3.729%、3.751% 和 6.170%、5.884%、5.093%、4.550%、4.382%。表明酸性压裂液作用使得煤样的断裂面形貌由致密整齐向疏松多孔转变。

4.3.2　压裂液作用下煤岩动态断裂韧性响应机制

以往研究发现压裂液对储层岩石材料的影响是综合而复杂的，因为水基压裂液和酸性压裂液不仅会削弱岩石力学性能，而且在动态加载条件下还会表现出相应增强行为[204]。Y. D. Guo 等[205]认为，岩石材料的自发渗吸作用包括物理和化学两个阶段。综合众多学者关于水岩及酸蚀作用的研究成果，认为动态断裂韧度变化是煤中矿物的物理和化学损伤、压裂液相关效应和煤岩结构面效应三者之间的竞争综合作用。

（1）煤岩矿物的物理和化学劣化。图 4‑19 为扫描电镜观察的不同压裂液作用下煤样表面及断口细观结构。可以看出，自然煤样断面产生一些断层和新生裂隙，断面整体具有显著粗糙度特征；水基压裂液作用下煤样断面细观结构呈现更为显著和数量更多的新生断层和裂隙，且断口处宏观形貌具有较大的凹陷断面；酸性压裂液作用下煤样断面细观结构则存在大小不一的溶蚀孔隙。通过孔隙概率熵值亦可发现，酸性压裂液作用使得煤样的断裂面形貌由致密整齐向疏松多孔转变[图 4 - 19(d)]。

由于该无烟煤中水敏性和酸敏性黏土矿物比例(45.7%)较大,在煤岩断裂过程中会发生物理润湿、软化、膨胀和化学溶解等效应,这是导致断裂韧性明显降低的主要因素。此外,无烟煤中石英矿物(19.9%)的作用也不容忽视,E. M. Van Eeckhout[206]通过试验发现,即使在纯净水环境中,Si—O—Si 键的水解对于含有丰富石英矿物岩石强度的降低也是至关重要的。在岩石裂纹尖端,水分子可以通过弱氢键取代强 Si—O—Si 键来降低微裂纹生长的激活阈值,其原理如下:

$$(-Si-O-Si-)+(H-O-H) \rightleftharpoons (\ Si-OH-HO-Si-) \quad (4-16)$$

因此,无烟煤中的石英矿物 Si—O—Si 键的水解可能是水致断裂韧性降低的另一因素。

酸性压裂液对无烟煤断裂韧度的影响主要体现在化学溶蚀和孔(裂)隙改造作用。酸性压裂液的溶蚀作用主要发生在酸液接触到的矿物质,包括孔隙和裂隙中的矿物质。结合 XRD 成分分析可知,煤样中含有高岭石($Al_2O_3 \cdot 2SiO_2 \cdot 2H_2O$)等黏土类物质和方解石($CaCO_3$)。酸性压裂液作用下煤样表面出现了沉淀物和少量微小晶体附着在沉淀物表面,这是由于酸液与方解石和高岭石反应的结果,涉及的反应方程式为:

$$Al_2O_3 \cdot 2SiO_2 \cdot 2H_2O + 14HCl = 2AlCl_3 + 2SiCl_4 + 9H_2O \quad (4-17)$$

$$CaCO_3 + 2HCl == CaCl_2 \downarrow (沉淀) + CO_2 \uparrow + H_2O \quad (4-18)$$

由于 CO_2 溶于水的特点,当其浓度达到一定值时还可参与如下反应:

$$CO_2 + H_2O + CaCO_3 == Ca(HCO_3)_2 \quad (4-19)$$

酸性压裂液对无烟煤孔(裂)隙结构的改善作用主要体现在酸对比表面积、平均孔径、阶段孔容、总孔容的增大,对有效孔隙度的提高,以及对孔隙连通性的改善。对于裂隙结构的改善体现在对其连续性、粗糙度、充填与胶结程度的影响。因此,酸化增透作用涉及煤层孔裂隙缺陷的连通性改善、填充矿物质溶蚀等方面,具有从微观到宏观多尺度的物性改造增透作用。

(2) 压裂液相关效应。岩石在动载荷作用下的裂纹扩展速度远高于水在矿物颗粒间的移动速度,导致自由水无法及时到达裂纹扩展尖端,从而出现弯液面效应[207],如图 4 - 21(b)所示,此时煤样裂纹尖端的液体分布规律与准静态条件下的水楔效应差异较大,水楔效应即岩石在准静态加载时,由于裂纹扩展速度较慢,内部自由水可以到达并充满裂纹尖端。在外载荷作用下,游离水可以产生施加在裂缝上的水压(p_w),就像一个"楔子",能够促进裂缝的产生和扩展,如图 4 - 21(a)所示。而弯液面效应则在一定程度上抑制了裂纹扩展,增强了煤岩阻抗裂纹起裂性能。弯液面效应产生的阻力可根据式(4 - 20)进行计算。

$$p_m = \frac{2E_s \cos \beta}{R} \qquad\qquad (4-20)$$

式中, p_m 为弯液面效应所引发的应力, E_s 为压裂液的表面能, R 为弯液面的圆弧半径, β 为润湿角。

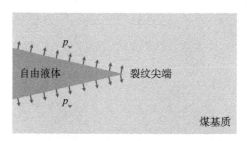

（a）水楔效应

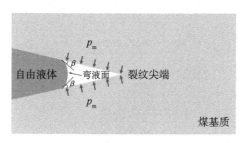

（b）弯液面效应

图 4 - 21　煤样内部压裂液引起的应力示意图

当煤中孔(裂)隙在远场拉应力作用下产生并扩展时,其上下表面被不可压缩液体(即压裂液)沿垂直方向以相对速度隔开。由于压裂液的黏性,自由液体在表面产生相反应力以阻止裂纹扩展,因此会引起斯蒂芬效应,如图 4 - 22 所示。斯蒂芬效应诱发的应力可由式(4 - 21)计算可得。

$$p_s = \frac{3\eta R^2 v}{2H^3} \qquad\qquad (4-21)$$

式中, p_s 为斯蒂芬效应诱发的应力, η 为压裂液的黏性系数, R 为孔隙的半径, H 为两个界面间的初始距离, v 为两个界面间的相对移动速度。

从式(4 - 21)可知, p_s 与压裂液的黏性系数 η 和相邻界面间的相对速度 v 成正比,与界面间的距离 H 成反比。其中,压裂液的黏性系数与压裂液所用类型密切相关,有时为了增加压裂液的携砂性能,会随压裂液同时注入增黏剂(如烷烃类增黏剂、低分子交联增黏剂等)。值得注意的是,相邻界面间的相对移动速度 v 与所施加的应力速率(加载率或应变率)呈正相关关系,即与外界施工压力、流体注入速率和射孔起

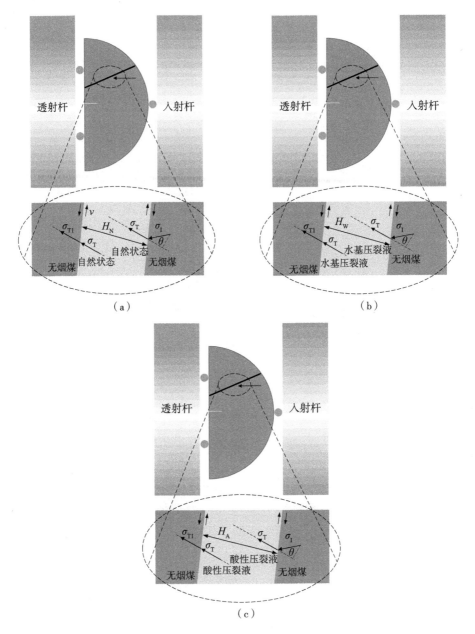

图 4‒22   不同压裂液作用下含层理弱面煤岩中应力波传播示意图

爆能量等参数有关。在准静态加载条件下,由于移动速度 v 极低,斯蒂芬效应引起的阻碍作用力可以忽略不计,但对于自吸压裂液饱和煤样,加载速率越高,其阻力值越大。两界面间的距离 H 与煤岩原生结构的间距和连续性有关,也与其形态(起伏度、粗糙度)关系密切。通过图 4‒19 中不同压裂液作用下煤样表面及断口细观结构特征可知,酸性压裂液作用后的煤样,其断面溶蚀作用明显,导致层理面的粗糙度增大,同时 H 值也随之增大,这在一定程度上弱化了斯蒂芬效应诱发的应力影响,该结论与图 4 - 9 所得的酸蚀煤样断裂韧度值较水基压裂液减小的结论一致。

(3) 层理结构效应。在动态加载试验中,加载气压与应变速率(加载率)类似,均是用于表征岩石动力学特性中的速率依赖效应。煤岩在不同压裂液(自然状态、水基压裂液、酸性压裂液)作用下的一维应力波传播特性可以简化为三种不同的模型,即应力波在煤岩基质与空气和清水混合介质交界面中传播、应力波在煤岩基质与水基压裂液交界面中传播、应力波在煤岩基质与酸性压裂液交界面中传播。三种情况的含层理弱面煤岩中应力波传播特性示意如图 4 - 22 所示,其中两个交界面处的传播特性决定了煤样的动态断裂韧度,应力波传播衰减过程可用式(4 - 22)～式(4 - 24)表示。进一步对三个方程进行整理可以发现,三种状态下应力波传播规律相似,透射因子可表示为式(4 - 25),其中入射方位角 θ 与煤样的层理角度和层理充填介质性质有关。因此,无烟煤透射因子主要由煤的层理角度和层理充填介质共同决定。三种不同充填介质(空气和清水混合介质、水基压裂液、酸性压裂液)的性质同时影响了入射方位角和波阻抗的数值。关于层理方向对煤岩动态 I 型断裂韧性和能量耗散特征的影响,笔者已开展了相关研究[18,208]。但针对不同压裂液引起的入射方位角和波阻抗的差异对煤岩中应力波透射因子的影响仍有待进一步探究。

$$
\begin{cases}
\sigma_T = \sigma_I \cos\theta \dfrac{2\rho_N C_N}{\rho_C C_C + \rho_N C_N} \\[2mm]
\sigma_{T1} = \sigma_T \dfrac{2\rho_C C_C}{\rho_C C_C + \rho_N C_N} \\[2mm]
\sigma = \sigma_{T1} \cos\theta
\end{cases}
\tag{4-22}
$$

式中,σ_I 和 σ_T 分别为煤岩中煤基质与层理充填物的交界面处的入射应力和透射应力;θ 为入射方位角[图 4 - 22(a)];σ_{T1} 为层理充填物与煤基质的交界面处的透射应力;σ 为透射杆中的透射应力;$\rho_N C_N$ 和 $\rho_C C_C$ 分别为层理弱面中充填介质的波阻抗和无烟煤基质的波阻抗。

$$
\begin{cases}
\sigma_T = \sigma_I \cos\theta \dfrac{2\rho_w C_w}{\rho_C C_C + \rho_w C_w} \\[2mm]
\sigma_{T1} = \sigma_T \dfrac{2\rho_C C_C}{\rho_C C_C + \rho_w C_w} \\[2mm]
\sigma = \sigma_{T1} \cos\theta
\end{cases}
\tag{4-23}
$$

式中,σ_I 和 σ_T 分别为煤岩中煤基质与层理充填水基压裂液的交界面处的入射应力和透射应力;θ 为入射方位角[图 4 - 22(b)];σ_{T1} 为层理充填水基压裂液与煤基质的交界面处的透射应力;σ 为透射杆中的透射应力;$\rho_w C_w$ 和 $\rho_C C_C$ 分别为层理弱面中充填水基压裂液的波阻抗和无烟煤基质的波阻抗。

$$\begin{cases} \sigma_{\text{T}} = \sigma_{\text{I}}\cos\theta \dfrac{2\rho_{\text{A}}C_{\text{A}}}{\rho_{\text{C}}C_{\text{C}} + \rho_{\text{A}}C_{\text{A}}} \\[3mm] \sigma_{\text{T1}} = \sigma_{\text{T}} \dfrac{2\rho_{\text{C}}C_{\text{C}}}{\rho_{\text{C}}C_{\text{C}} + \rho_{\text{A}}C_{\text{A}}} \\[3mm] \sigma = \sigma_{\text{T1}}\cos\theta \end{cases} \qquad (4-24)$$

式中, σ_{I} 和 σ_{T} 分别为煤岩中煤基质与层理充填酸性压裂液的交界面处的入射应力和透射应力; θ 为入射方位角[图 4-22(c)]; σ_{T1} 为层理充填酸性压裂液与煤基质的交界面处的透射应力; σ 为透射杆中的透射应力; $\rho_{\text{A}}C_{\text{A}}$ 和 $\rho_{\text{C}}C_{\text{C}}$ 分别为层理弱面中充填酸性压裂液的波阻抗和无烟煤基质的波阻抗。

进一步对上述三个方程进行整理可以发现, 三种状态下应力波传播规律相似, 则透射因子的表达式为式(4-25)。

$$\begin{cases} \dfrac{\sigma_{\text{N}}}{\sigma_{\text{IN}}} = \cos^2\theta \left(\dfrac{2\rho_{\text{N}}C_{\text{N}}}{\rho_{\text{C}}C_{\text{C}} + \rho_{\text{N}}C_{\text{N}}} \right) \left(\dfrac{2\rho_{\text{C}}C_{\text{C}}}{\rho_{\text{C}}C_{\text{C}} + \rho_{\text{N}}C_{\text{N}}} \right) \\[3mm] \dfrac{\sigma_{\text{W}}}{\sigma_{\text{IW}}} = \cos^2\theta \left(\dfrac{2\rho_{\text{W}}C_{\text{W}}}{\rho_{\text{C}}C_{\text{C}} + \rho_{\text{W}}C_{\text{W}}} \right) \left(\dfrac{2\rho_{\text{C}}C_{\text{C}}}{\rho_{\text{C}}C_{\text{C}} + \rho_{\text{W}}C_{\text{W}}} \right) \\[3mm] \dfrac{\sigma_{\text{A}}}{\sigma_{\text{IA}}} = \cos^2\theta \left(\dfrac{2\rho_{\text{A}}C_{\text{A}}}{\rho_{\text{C}}C_{\text{C}} + \rho_{\text{A}}C_{\text{A}}} \right) \left(\dfrac{2\rho_{\text{C}}C_{\text{C}}}{\rho_{\text{C}}C_{\text{C}} + \rho_{\text{A}}C_{\text{A}}} \right) \end{cases} \qquad (4-25)$$

图 4-23 进一步给出了准静态和动态载荷下含压裂液 NSCB 试样的应力分布示意图。图 4-23(b)为准静态加载条件下考虑水楔效应的裂尖应力分布, 根据线弹性断裂力学理论, 准静态加载条件下含压裂液 NSCB 煤样裂尖 I 型应力强度因子为:

$$K_{\text{IQ}} = \lim_{r \to 0} \sqrt{2\pi r}\,(\sigma_{xx} + p_{\text{w}})\,(r > 0, \alpha = 0) \qquad (4-26)$$

式中, K_{IQ} 为 NSCB 煤样裂尖 I 型应力强度因子, σ_{xx} 为沿裂纹扩展轨迹 x 方向法向应力, p_{w} 为水楔效应诱发的应力。

在准静态加载下, 由于加载速率较低, 惯性效应可以忽略。但岩石在动应力波载荷作用下是瞬间破碎的, 岩石材料的惯性会引起径向约束 (p_{i}), 从而提高强度。图 4-23(c)为动态加载条件下综合考虑惯性效应、弯液面效应和斯蒂芬效应的裂尖应力分布, 动态加载条件下含压裂液 NSCB 煤样裂尖 I 型应力强度因子为:

$$K_{\text{ID}} = \lim_{r \to 0} \sqrt{2\pi r}\,(\sigma_{xx} - p_{\text{i}} - p_{\text{m}} - p_{\text{s}})\,(r > 0, \alpha = 0) \qquad (4-27)$$

式中, K_{ID} 为 NSCB 煤样裂尖 I 型动态应力强度因子, σ_{xx} 为沿裂纹扩展轨迹 x 方向法向应力, p_{i} 为惯性约束效应引发的应力, p_{m} 为弯液面效应引发的应力, p_{s} 为斯蒂芬效应引发的应力。

由于应力强度因子是用以衡量裂纹扩展驱动力大小的参数, 而断裂韧度反映了

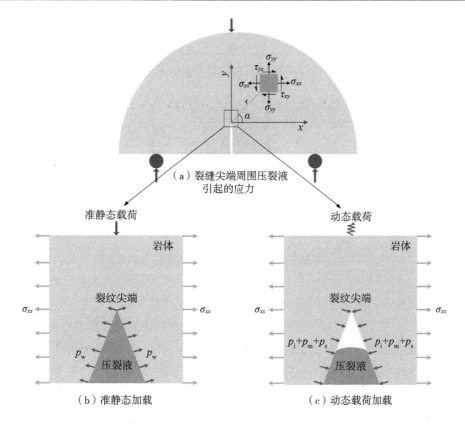

（a）裂缝尖端周围压裂液
引起的应力

准静态载荷　　　　　　　　动态载荷

（b）准静态加载　　　　　　　　（c）动态载荷加载

图 4－23　准静态和动态载荷下含压裂液 NSCB 试样的应力分布示意图

煤岩材料抵抗裂纹扩展的能力。对比式(4－26)和式(4－27)可知,NSCB 煤样裂尖Ⅰ型动态应力强度因子较准静态条件更小,这就是动态加载条件对应断裂韧度更大的原因。此外,由于惯性效应和斯蒂芬效应具有显著的率依赖特性,导致断裂韧度测试结果亦表现出明显的率响应特征(图 4－9)。

4.3.3　对深部煤层气开采的启示

一般而言,煤层钻井和水力(酸化)压裂是从煤储层中开采煤层气的主要技术。以往研究表明,随着煤储层埋深的增加,钻井和水力压裂引起的振动是严格处于动态范围的,即应变率为 $10 \sim 10^3 \, \mathrm{s}^{-1}$ 之间[36-38]。本书试验所用 SHPB 加载装置设置的气压范围为 $0.30 \sim 0.50 \, \mathrm{MPa}$,其对应的应变率范围亦为 $10 \sim 10^3 \, \mathrm{s}^{-1}$ 之间。深部储层压裂所需压力较大时,射孔(起裂)难度呈大幅增长。为解决这一问题,射孔动态起爆压裂技术引起了广泛关注,如高能气体爆破压裂技术[209]等。图 4－24 为深部煤层气开采时储层钻井和水力压裂的示意图。其中,煤储层钻井时压裂液自发渗吸后的井壁稳定性一直是煤层气开采的关键技术难题之一。从岩石力学角度分析井壁失稳现象有两种机制,一种是压缩引起的剪切破坏,另一种是拉伸破坏。其中,拉伸破坏是钻井液漏失的主要原因,它大大降低了钻井液柱压力,甚至可能导致井喷事故,因此本书研究的无烟煤动态I型断裂(拉伸)行为具有重要的工程指导价值。

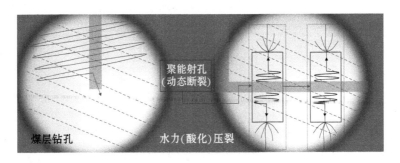

图 4-24　深部无烟煤储层钻井和水力(酸化)压裂示意图

从上述断裂韧度试验结果可得(图 4-9),当加载气压不断增大至一定阈值,如加载气压大于 0.40 MPa 时,酸性压裂液作用后的无烟煤断裂韧度相较于水基压裂液组显现出更低的测试值,即其抵抗裂缝起裂的能力较大弱化。B. J. Mcconnell[210] 研究认为微孔或裂缝中存在的液体会降低岩石材料的断裂能(即裂缝单位扩展所需的能量),这与书中 3.4 节所得结论较为吻合,该效应进一步降低了岩石的断裂韧性。以上关于各压裂液作用后无烟煤的试验结论对于煤储层井眼附近的井壁稳定性可能较为不利,但却对增加煤岩体积压裂的裂缝网络密度具有积极意义。

此外,通过对比图 4-13 中煤样的裂纹扩展迹线分形维数特征(宏观尺度)与图 4-20 中煤样断口处(细观尺度)孔隙概率熵值,可以发现裂纹扩展迹线分形维数和断口处孔隙概率熵值整体上均表现出随冲击气压的增加而增大趋势,且酸性压裂液组的分形维数和概率熵值均大于水基压裂液组,而自然状态组为最小。因此,酸性压裂液作用后的煤样在受动态冲击时宏观裂缝扩展路径分形维数与细观断面形貌的概率熵值都表现出较为明显的率依赖特征,两种尺度下的断裂参数联系紧密。因此,无烟煤岩在动态I型断裂(张拉)加载作用下的破坏模式和不同压裂液对裂缝扩展的影响具有重要的工程价值,特别是断裂韧性发生显著变化时对应的加载速率,是生产现场射孔设计和压裂方案的重要参考。

4.4　本章小结

(1) 酸性压裂液作用煤样裂纹起裂时刻要滞后于水基压裂液和自然状态煤样,但主裂纹从萌生到贯通所用时长小于其他两组,煤样的动态裂纹扩展弯折角均为直角或钝角。在开展高加载率酸化压裂时,煤储层裂缝网络形态需考虑此大角度弯折效应的影响。

(2)酸性压裂液处理后煤样所需断裂能与水基压裂液组的差值随加载气压增大不断增大,表明加载气压越高,酸性压裂液处理后煤样所需断裂能较水基压裂液更少。煤样断面细观孔隙概率熵值随冲击气压的增加而不断增大,酸性压裂液作用使得煤样的断裂面形貌由致密整齐向疏松多孔转变。

(3)压裂液对无烟煤样断裂行为具有双重影响。自然状态、水基压裂液和酸性压裂液作用试样断裂行为率响应特征的差异性是由压裂液的弱化作用和增强作用竞争决定。在准静态加载条件下,压裂液对断裂韧度的影响为绝对弱化。但当加载速率增长到较高水平后,惯性效应、弯液面效应和斯蒂芬效应逐渐显著,此时压裂液表现出增韧效应,该现象需在酸化压裂施工中充分考虑。基于水基压裂液和酸性压裂液的双重性质与线弹性断裂力学(LEFM),构建了细观断裂力学模型,对压裂液作用下煤岩材料的率依赖效应进行了探讨。

第5章 冲击载荷作用下含双孔洞裂纹
石灰岩动态断裂行为研究

岩石的破断与失稳通常始于岩石中的初始裂隙、孔洞等原始缺陷,裂纹在初始缺陷周边起裂、扩展及相互贯通进而导致岩体内的岩桥破裂是岩石类脆性材料破坏的重要表现形式[211-213]。在地铁隧道施工、煤矿巷道掘进、地下硐室建设等岩体工程实践中,地下岩体结构可能受到各种类型动态载荷(如爆破、矿震、地震波等)的扰动影响[214-216]。动态载荷以应力波的形式在岩体内部传播,当应力波到达隧道(巷道)边界时会发生透射和反射,在自由边界周围引起较强的应力集中,易诱发地下岩体结构的失稳破坏[217]。因此,含孔洞和裂隙缺陷的岩体在冲击载荷作用下的断裂行为越来越受到普遍关注。而了解岩石中裂纹在动态载荷作用下如何起裂和扩展,系统研究不同缺陷对岩石动态力学特性和断裂行为的影响,对于巷道支护设计、岩体工程稳定性评价以及冲击地压动力灾害防治等均具有重要的理论指导意义。

本章利用分离式霍普金森压杆冲击加载系统,对含不同形状(圆形和方形)和间距(对称和非对称)的双孔洞裂纹石灰岩试样进行冲击条件下的断裂特性测试,并采用高速摄像仪对动态裂纹萌生、扩展、贯通直至试样破坏全过程进行了记录分析,结合图像处理方法进一步分析了冲击载荷作用下含双孔洞裂纹石灰岩的动态抗压强度、动态变形模量、破坏模式、裂纹扩展行为及其分形特征。同时,利用数字图像相关方法(DICM)实时监测试样的破坏过程,对试样中裂纹起裂和扩展模式进行了探讨。

5.1 试样制备及试验方案

5.1.1 试样制备

试验所选取石灰岩岩样取自山西某煤矿,通过 X 射线衍射仪开展矿物成分分析发现,该岩样矿物成分较为单一,主要为方解石($CaCO_3$),并含有少量氧化物,呈深灰色,属于典型的沉积岩。经测试其平均密度为 2 785 kg/m^3,弹性模量为 63.94 GPa,泊松比为 0.27,纵波波速为 5 674 m/s,横波波速为 2 364 m/s,瑞利波波速为 2 177 m/s,单轴抗压强度为 169.35 MPa,抗拉强度为 5.47 MPa。首先,制备板状试样尺寸为 72 mm×140 mm×30 mm(宽度 W×高度 H×厚度 T),并在试样一端中心预制宽度 24 mm、高度 30 mm 的 V 形切槽,随后采用线切割方法在切槽尖端制作人工切缝,其长度为 15 mm,最终制备的试样几何尺寸如图 5-1 所示。需要说明的是,该试样构型为侧开单裂纹三角孔板(SCT),属于岩石动态断裂力学领域用以测试动态起裂韧度的四种经典构型之一[218]。该构型为裂纹扩展预留了充足的空间,可观察裂纹从萌生到止裂的全过程,形状简单且易于加工。

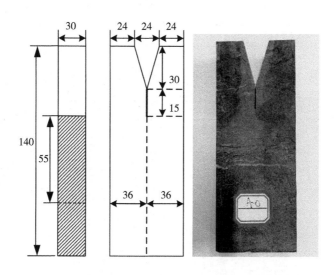

图 5-1　石灰岩 SCT 构型试件尺寸图(单位:mm)

为了研究不同形状和间距的孔洞对石灰岩动态断裂特性的影响,在 SCT 构型基础上在其下方预制了 3 种不同形状组合和 4 种间距类型的孔洞,如表 5-1 所示。两孔洞中心连线与人工预制切缝底部距离设置为 55 mm,其依据主要参考以往 ISCSC 试件构型中的缺陷布设方法[219],该距离设计合理,能够保证在特定区域研究岩石裂纹扩展从起裂到止裂的全过程行为。制备的石灰岩试样在预制裂纹前,先进行仔细打磨,使端面不平行度和不垂直度均小于 0.02 mm,平整度符合国际岩石力学学会(ISRM)相关试验的基本要求[220]。试样中的圆形和方形孔洞缺陷则采用专业水刀切割机械设备加工完成,该技术可保证孔洞表面的光滑度且该方法已被证明不会对试样的其他部分造成损伤[221]。圆孔直径和方孔边长均为 6 mm。试样依据孔洞缺陷形状共分为 3 种类型:圆孔+圆孔(Cir+Cir),圆孔+方孔(Cir+Squ),方孔+方孔(Squ+Squ),其编号简写为 CC、CS、SS;在孔洞缺陷形状相同的试样中,又依据两孔洞距离中心轴线的不同间距划分为四组:$a=b=$ 7 mm、$a=b=9$ mm、$a=7$ mm 且 $b=10$ mm、$a=9$ mm 且 $b=12$ mm,其中 a 和 b

分别为左右两侧孔洞缺陷距离试样中心轴线的距离;相同形状和间距的试样中,每组设置了3个重复试样,共计36个试样。试样编号原则为依次描述孔洞缺陷形状、两孔洞距离中心轴线间距、重复试样的序号。如CC-2-3表示缺陷形状为双圆孔的石灰岩试样,两个孔洞距离中心轴线的间距为 $a=b=9$ mm,进行试验的是第3个重复试样。

表 5-1 含不同类型双孔洞缺陷石灰岩试验方案

两孔洞参数	试样形状及组别		
	圆孔+圆孔	圆孔+方孔	方孔+方孔
两个孔洞中心距试样中线距离相等且均为 7 mm	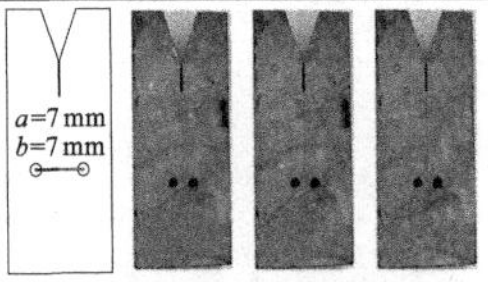 CC-1-1(2,3)	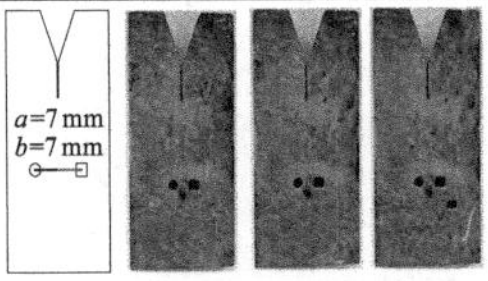 CS-1-1(2,3)	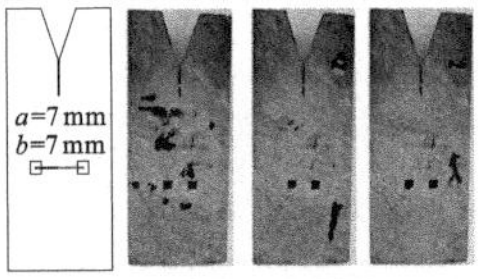 SS-1-1(2,3)
两个孔洞中心距试样中线距离相等且均为 9 mm	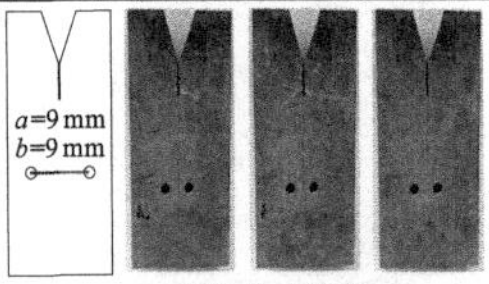 CC-2-1(2,3)	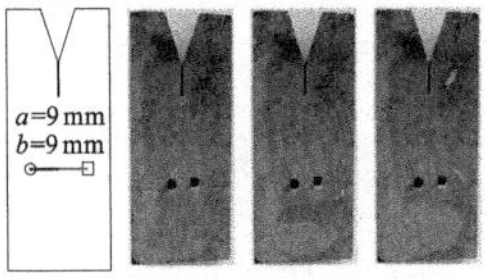 CS-2-1(2,3)	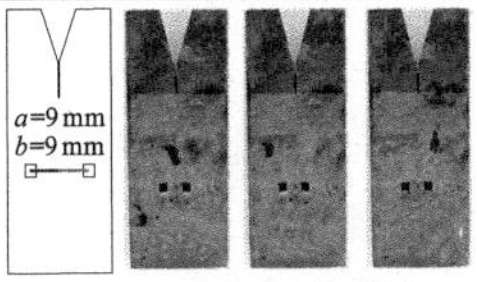 SS-2-1(2,3)
两个孔洞中心距试样中线距离不相等,且左边孔洞距试样中线距离 $a=7$ mm,右边距离 $b=10$ mm	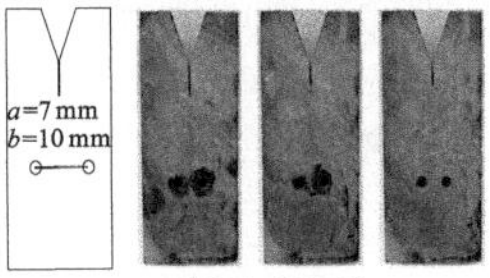 CC-3-1(2,3)	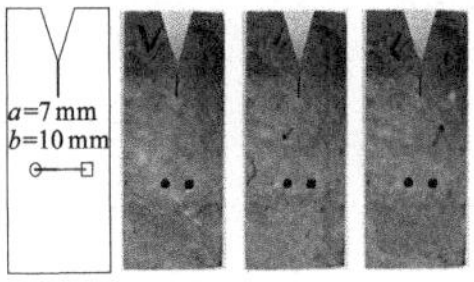 CS-3-1(2,3)	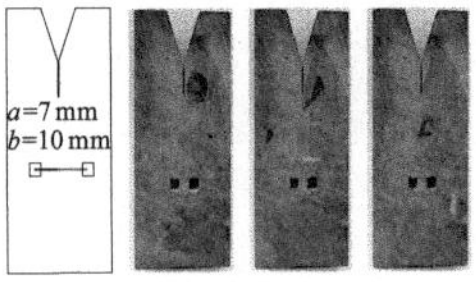 SS-3-1(2,3)
两个孔洞中心距试样中线距离不相等,且左边孔洞距试样中线距离 $a=9$ mm,右边距离 $b=12$ mm	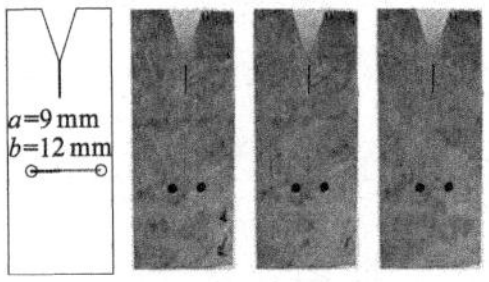 CC-4-1(2,3)	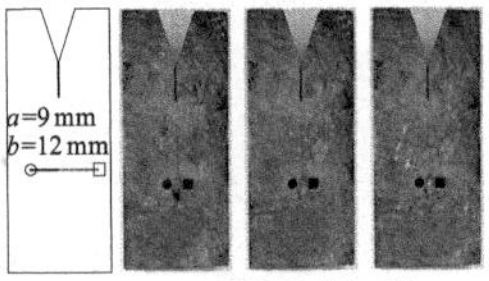 CS-4-1(2,3)	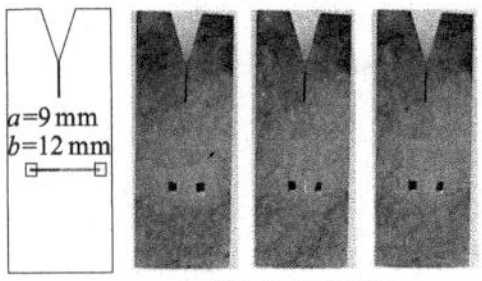 SS-4-1(2,3)

5.1.2 试验设备

试验所用动态加载装置为霍普金森杆(SHPB)加载系统,如图 5-2 所示。SHPB 加载系统输入杆和输出杆的长度为 2 m,直径为 100 mm,杆体材料为 35 CSMn 钢,密度为 7 800 kg/m³,弹性模量为 200 GPa,泊松比为 0.28。使用超动态应变采集仪记录入射波、反射波和透射波的动态应变信号。为了实时观测记录动态破坏中试样的裂纹扩展特征,采用高速摄像仪对经散斑处理后的石灰岩试样破断过程进行拍摄[图5-2(b)]。其中,高速摄像仪的触发模式为光电后触发,帧率设置为20 000 fps,即每次拍摄间隔为50 μs,分辨率为521像素×521像素。将SHPB加载装置的发射气压设为恒定0.30 MPa,测得冲击速度范围为5.0~5.3 m/s。为消除端部效应对试验结果的影响,试验时在试样两端面涂抹凡士林润滑剂,且保证试样两端面与加载杆充分接触。同时采用紫铜与橡胶片组合的方法对加载波整形,以消除波形弥散现象。

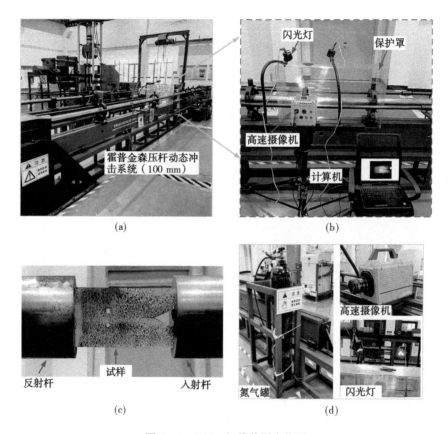

(a)　　　　　　　　　　　(b)

(c)　　　　　　　　　　　(d)

图5-2　SHPB加载装置实物图

5.2　试验结果分析与讨论

5.2.1　动态应力平衡关系

在SHPB冲击试验中,输入杆和输出杆中的脉冲信号通常采用贴在杆上的应变片测量,图5-3为试样CS-3-2在冲击压缩作用下入射杆和透射杆上应变片记录的电压信号。通过信号转化,可得冲击载荷下含孔洞石灰岩试样两端弹性杆中的应力波变化情况,据此可得应力平衡图,如图 5-4 所示。冲击载荷加载过程中入射波和反射波的叠加曲线与透射波基本重合,特别是峰值应力之前,表明试样两端满足应力平衡条件。此外,通过检验试验中各试样的应变率数据随时间变化的波形曲线(图 5-5),发现 P-C 振荡的影响不明显,试样的加载应变率范围在 $10 \sim 18 \text{ s}^{-1}$ 之间。

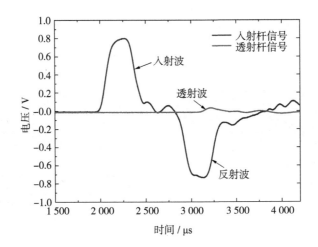

图 5-3 试样 CS-3-2 的电压信号-时间曲线

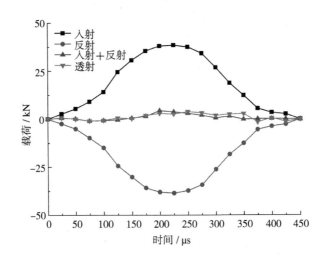

图 5-4 含双孔洞石灰岩试样 CS-3-2 的应力平衡

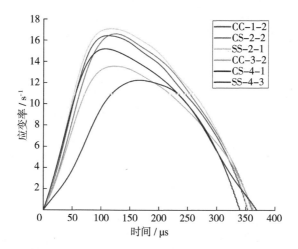

图 5-5　试样的应变率随时间变化情况示意图

5.2.2　冲击载荷下含双孔洞石灰岩试样动态断裂力学特性

根据 SHPB 装置的均匀化条件,即经多次反射后,两界面的应力-应变趋于平衡,可以求得试样的平均应力 σ、应变 ε 和应变率 $\dot{\varepsilon}$ 随时间的变化[201],即:

$$\sigma(t) = [\sigma_I(t) - \sigma_R(t) + \sigma_T(t)] A_e / 2A_s \qquad (5-1)$$

$$\varepsilon(t) = \frac{1}{\rho_e C_e L_s} \int_0^t [\sigma_I(t) + \sigma_R(t) - \sigma_T(t)] \mathrm{d}t \qquad (5-2)$$

$$\dot{\varepsilon}(t) = \frac{1}{\rho_e C_e L_s} [\sigma_I(t) + \sigma_R(t) - \sigma_T(t)] \qquad (5-3)$$

式中,$\sigma_I(t)$,$\sigma_R(t)$,$\sigma_T(t)$ 分别为 t 时刻的入射应力、反射应力和透射应力;A_e 和 A_s 分别为弹性杆和试样的横截面积;L_s 为试样的长度;ρ_e 和 C_e 分别为弹性杆的密度和波阻抗。

根据式(5-1)~式(5-3),可计算试样受载时的动态应力-应变曲线,图 5-6 为含相同间距不同形状孔洞缺陷石灰岩试样的动态应力-应变曲线,图 5-7 为含相同形状不同间距孔洞缺陷石灰岩典型动态应力-应变曲线,参考以往研究[222],定义试样应力-应变曲线的峰值点所对应的应力为试样的动态抗压强度。从图 5-6 和图 5-7 中可以看出,孔洞的形状和间距对于试样的应力-应变曲线形态有所影响。试样受冲击载荷过程中,压密阶段表现不明显,而线弹性阶段较为显著,达到峰值强度后试样很快发生破坏,峰后变形较小,表现出较强的脆性特征。

为了进一步分析不同形状和间距的孔洞缺陷对石灰岩试样的动态强度和变形特征的影响,统计了各试样的峰值强度、峰值应变和弹性模量参数。此外,为了反

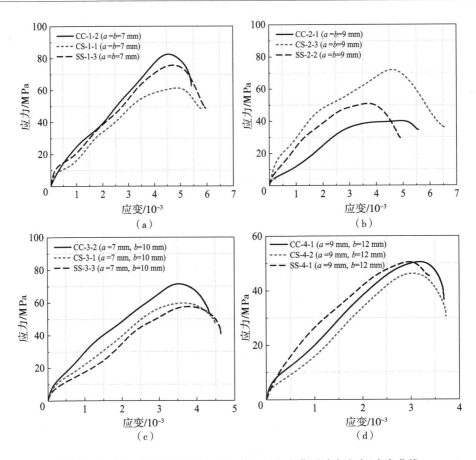

图5-6 含相同间距不同形状孔洞缺陷石灰岩典型动态应力-应变曲线

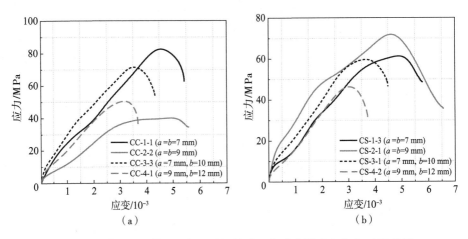

图5-7 含相同形状不同间距孔洞缺陷石灰岩典型动态应力-应变曲线

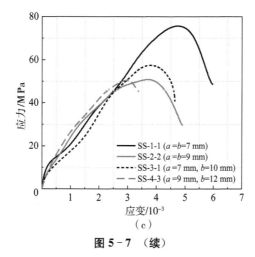

图 5-7 （续）

映整个动态加载过程岩石的变形特征,减小误差,降低数据的离散性,参考以往唐礼忠等[223]的研究,选取割线模量(E_1)、第二类割线模量(E_2)、加载段变形模量(E_3)的加权平均值作为动态变形模量 E_d(图 5-8),用以反映岩石的压缩变形特征。

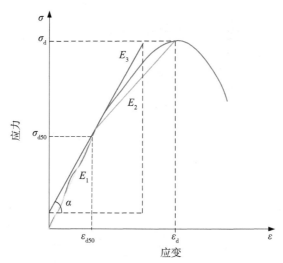

图 5-8　动态变形模量计算示意图

图 5-9 为不同孔洞形状和间距影响下石灰岩试样的动态强度平均值(3 个重复试样的平均值)和变形参数变化情况,其中柱状图上方短线为标准差。由图 5-9(a)可知,在各组孔洞形状相同的试样中,当孔洞间距为 $a=b=7$ mm 时(即各组中 1# 试样),其平均峰值强度较大,如 CC-1# 和 SS-1# 试样,为同组中最大值。

表明孔洞间距越小且对称,其峰值强度越高。当试样两孔洞间距由 $a=b=7$ mm 的对称分布改变为 $a=7$ mm,$b=10$ mm 的非对称分布(即各组中 3# 试样)时,其平均峰值强度均显著降低,双圆形、圆形组合方形和双方形孔洞试样分别降低 10.0%、5.9%和 29.5%,表明孔洞间距的非对称增长对试样峰值强度具有较大弱化影响。此外,当对称孔洞间距由 $a=b=7$ mm 增大到 $a=b=9$ mm(即各组中 2# 试样)时,双圆形孔洞和双方形孔洞试样的峰值强度分别下降 47.7%和 34.1%,而圆形和方形组合孔洞试样峰值强度从 62.39 MPa 增大到 73.86 MPa,增长了 18.4%,可见异形组合孔洞缺陷对于试样峰值强度的变化趋势具有显著影响。当孔洞间距为 $a=9$ mm、$b=12$ mm 时,CS‐4# 试样的峰值强度为 48.24 MPa,分别较 CC‐4# 和 SS‐4# 试样的峰值强度降低 7.5%和 2.4%。整体来看,各种孔洞类型中 4# 试样($a=9$ mm,$b=12$ mm)峰值强度均为各组中较低值,尤其 CS‐4# 和

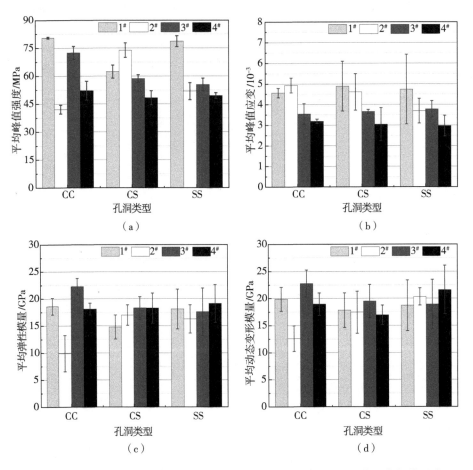

（a）　　　　　　　　　　　（b）

（c）　　　　　　　　　　　（d）

图 5‐9　不同形状和间距的双孔洞缺陷对石灰岩试样动态强度和变形参数的影响

SS-4#试样的峰值强度为各组中最低,且各组孔洞类型中4#试样($a=9$ mm,$b=12$ mm)峰值强度均低于3#试样($a=7$ mm,$b=10$ mm),表明非对称孔洞缺陷的间距越大,其对试样的峰值强度弱化程度越高。

图5-9(b)为含双孔洞石灰岩试样平均峰值应变随孔洞间距和孔洞形状的变化情况,由图可知对称孔洞间距下($a=b=7$ mm 和 $a=b=9$ mm),CS 和 SS 试样的平均峰值应变随孔洞间距的增大呈降低趋势,而双圆形孔洞(CC)试样的平均峰值应变呈相反变化。非对称孔洞间距下($a=7$ mm,$b=10$ mm 和 $a=9$ mm,$b=12$ mm),CC、CS 和 SS 试样的峰值应变均表现出随孔洞间距的增加而减小的特征,且整体上明显低于对称孔洞间距下试样的平均峰值应变。这表明孔洞间距呈现为非对称状态时,试样由于受力不均易较早发生压缩变形破坏。

图5-9(c)为石灰岩试样平均弹性模量随孔洞间距和形状的变化情况。相较于孔洞间距为 $a=b=7$ mm 的 1#试样,孔洞间距为 $a=7$ mm,$b=10$ mm 的 3#试样各组平均弹性模量分别增大 19.9%、增大 23.7%和减小 2.8%。而当试样的孔洞间距由 $a=b=9$ mm(2#)增大到 $a=9$ mm,$b=12$ mm(4#)时,其弹性模量均呈增大趋势,增长比例依次为 82.8%、7.5% 和 17.5%。同时,当试样孔洞间距由 $a=b=7$ mm 增大到 $a=7$ mm,$b=10$ mm 时,除 SS 组试样外,CC 和 CS 组试样的弹性模量亦呈增大趋势。表明孔洞间距由对称分布转变为非对称分布且间距增大时,试样的平均弹性模量整体呈增大趋势。

图5-9(d)所示为不同孔洞缺陷类型的石灰岩试样平均动态变形模量变化情况。可以看出,相较于孔洞间距为 $a=b=7$ mm 的 1#试样,孔洞间距为 $a=7$ mm,$b=10$ mm 的 3#试样各组平均动态变形模量分别增大 14.6%、9.3%和1.1%。而当试样的孔洞间距由 $a=b=9$ mm(2#)增大到 $a=9$ mm,$b=12$ mm(4#)时,除 CS 组外,CC 和 SS 组试样的平均动态变形模量亦呈增大趋势,增大比例为 50.0%和6.4%。表明孔洞间距由对称分布转变为非对称分布且间距增大时,试样的平均动态变形模量整体呈增大趋势,动态变形模量与弹性模量变化情况基本一致。

5.2.3　含双孔洞石灰岩动态裂纹扩展行为

利用高速摄像仪对冲击载荷下含双孔洞石灰岩试样的动态裂纹扩展过程进行记录,将试样初始受载但尚未产生任何肉眼可见裂纹的时刻定义为加载起点,即 0 μs 点。图5-10 和图5-11 分别展示了高速相机记录的含三种(CC、CS、SS)形状的对称双孔洞($a=b=9$ mm)以及非对称双孔洞($a=9$ mm,$b=12$ mm)石灰岩试样的动态裂纹扩展过程。图中裂纹用箭头标识,其中 S 和 T 分别表示剪切裂纹和拉伸裂纹,T－S 为拉伸-剪切复合裂纹。

由图 5－10(a)可以看出,含双圆形孔的 CC－2－1 试样受到冲击载荷后在 50 μs 时刻于预制裂纹尖端产生了向左侧偏转的初始微裂纹(T－S－1),随后该初始裂纹不断发育扩展,然而受到下方孔洞缺陷的影响,其扩展方向朝向左侧圆孔产生了一定偏移,扩展路径呈现弧形弯折,并于 200 μs 时刻裂纹贯穿了左侧圆孔缺陷,并在试样下方靠近边界区域产生了拉伸裂纹 T－1;随后该裂纹间隙不断增大,在 2 350 μs 时刻主裂纹路径右侧产生了剪切微裂纹(S－1),随后在 2 850 μs 时刻于主裂纹路径另一侧中部也产生了剪切裂纹(S－2),随后这两个剪切裂纹不断发

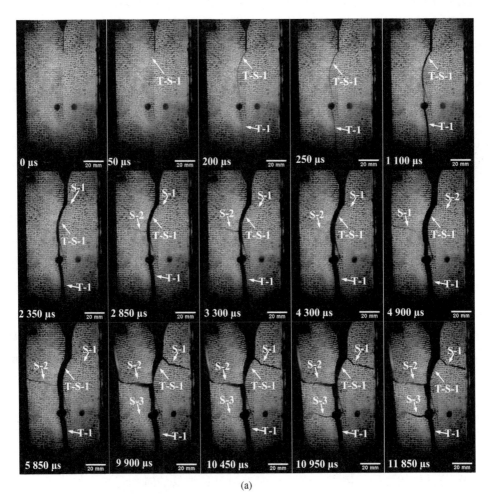

(a)

图 5－10 高速相机记录三种含对称双孔洞($a=b=9$ mm)石灰岩试样动态裂纹扩展过程

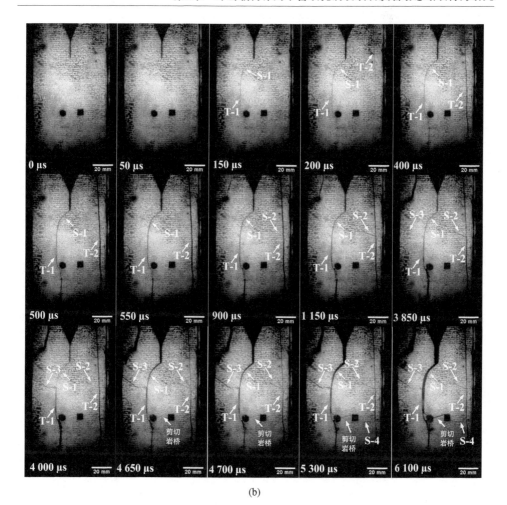

(b)

图 5 - 10 （续）

育,其扩展路径不断增大直至延伸至试样边界。这说明在试样受到加载杆的撞击之后,试样在动态拉伸作用下产生了主裂纹,然而主裂纹尖端应力场受下方缺陷影响产生了非均匀特性,导致其扩展路径产生弯折,随着撞击力的持续以及应力集中效应,在破断试样的两侧以及主裂纹发生转向的拐点产生了剪切裂纹。需要说明的是,随着加载进一步持续,在 9 900 μs 时刻于左侧孔洞缺陷边缘产生了剪切微裂纹 S - 3,该剪切裂纹扩展方向为弯折向上,且试样最终破坏后两孔洞缺陷间的岩桥未发生断裂。

　　图 5 - 10(b)为含圆形和方形组合孔洞缺陷石灰岩试样中动态裂纹扩展过程,可以看出,在 150 μs 时刻于预制裂纹尖端产生了初始剪切裂纹(S - 1),该裂纹的

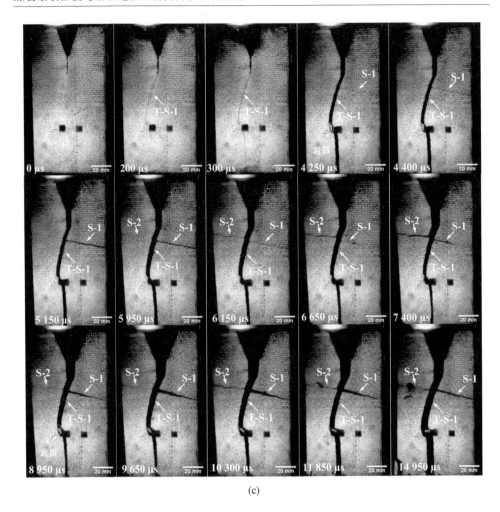

(c)

图 5 - 10 （续）

扩展方向偏向左侧圆形孔洞缺陷一侧，随后该主裂纹向下方呈近似直线路径延伸（T-1），其扩展路径绕过了圆形孔洞，并未贯穿该缺陷。且在 200 μs 时刻于试样的右侧顶端产生了第二条拉伸裂纹（T-2），该裂纹沿试样的右侧边界附近不断扩展直至底部。在 900 μs 时刻于 T-2 拉伸裂纹中部附近产生了一条剪切微裂纹（S-2），其扩展方向偏向左上侧；且在 3 850 μs 时刻于试样左侧边界萌生了另一条剪切裂纹（S-3），其扩展方向朝右下侧随后发生了转折，并与 T-1 主裂纹贯通。试样在 4 650 μs 时刻于两孔洞缺陷之间的岩桥产生了剪切破坏，并且随着加载的持续试样的圆孔缺陷最终与主裂纹 T-1 发生了汇聚，方形孔洞最终在右侧产生了剪切微裂纹 S-4，且最终与拉伸裂纹 T-2 贯通。结果表明，含圆形和方形组合孔

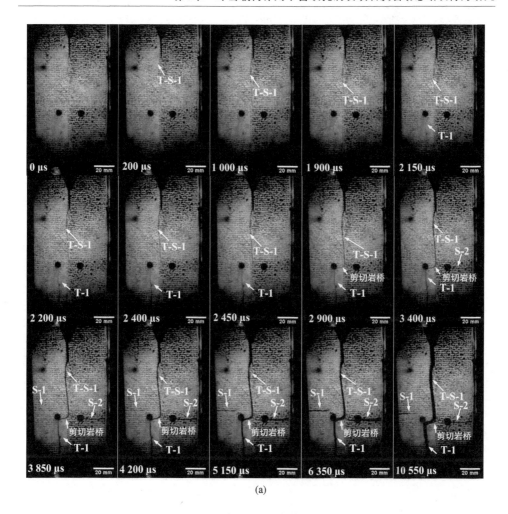

(a)

图 5-11　高速相机记录三种含非对称双孔洞（$a=9$ mm，$b=12$ mm）
石灰岩试样动态裂纹扩展过程

洞缺陷石灰岩试样在冲击载荷作用下首先沿预制裂纹尖端产生弯折主裂纹，主裂纹路径受圆形缺陷影响更为显著，并朝下方圆孔附近扩展，岩桥在主裂纹贯通底部后出现剪切破坏。此外，方孔的两条汇聚裂纹分别在其左上角和右下角，说明方形孔洞应力集中易发生在直角位置。

图 5-10(c)为含两方形孔洞缺陷石灰岩试样中动态裂纹扩展过程，可以看出，在 200 μs 时刻于预制裂纹尖端产生了初始主裂纹（T-S-1），该裂纹的扩展方向偏向左侧方形孔洞缺陷一侧，沿方孔左侧边界贯通方形孔洞后一直发育到试样底部，在此过程中方孔左上角出现脱落的部分岩屑。4 250 μs 时，在主裂纹上部与试

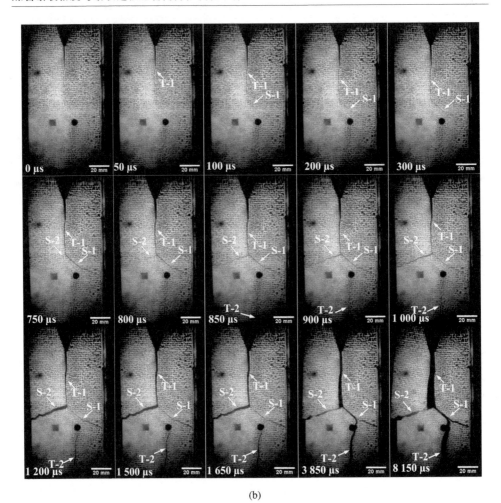

(b)

图 5-11 （续）

样右侧边界之间产生了一条剪切裂纹(S-1)，随后于 5 950 μs 在试样左侧也发育了一条剪切裂纹(S-2)，试样最终未发生岩桥破断。

由图 5-11(a)可以看出，冲击载荷作用下含双圆形孔的 CC-4-1 试样在 200 μs 时刻于预制裂纹尖端产生了初始主裂纹(T-S-1)，随后该初始裂纹不断发育扩展，其扩展路径经一定角度偏转后近似呈直线；直至扩展到两圆孔中间的岩桥内产生了两个剪切裂纹，剪切裂纹分别与两孔洞缺陷连通。左侧剪切裂纹与左侧圆孔下部的拉伸裂纹(T-1)汇聚在一起，而在右侧圆孔与右侧边界间萌生了另一剪切裂纹(S-2)。

由图 5-11(b)可以看出，冲击载荷作用下含圆形和方形组合孔的 CS-4-2 试样在 50 μs 时刻于预制裂纹尖端产生了初始裂纹(T-1)，随后该初始裂纹不断发

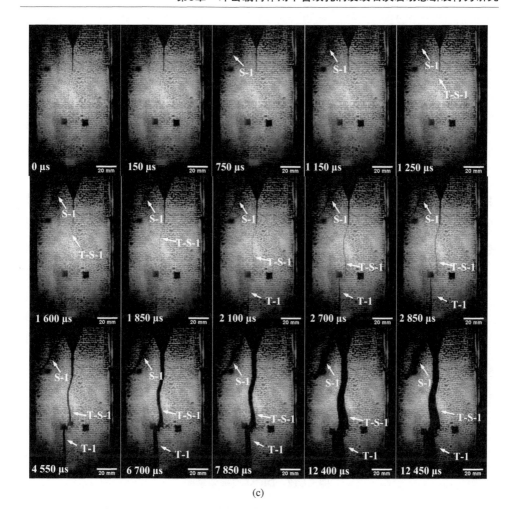

(c)

图 5‑11　(续)

育扩展,其扩展路径近似为直线;然而该裂纹扩展至孔洞上方时(100 μs),突然向圆孔缺陷方向产生偏转产生了剪切裂纹 S‑1,裂纹不断发育至右侧边界,但不与圆孔缺陷相交。此外,750 μs 时刻,在主裂纹偏转拐点左侧萌生了另一剪切裂纹(S‑2),裂纹不断发育至左侧边界,同样不与左侧方孔缺陷相交。随着加载时间不断增长,在 850 μs 时刻沿试样底部萌生了第二条拉伸裂纹(T‑2),该裂纹不断朝圆孔方向发育扩展并与圆孔缺陷贯通,最终与 S‑1 剪切裂纹发生汇聚。

由图 5‑11(c)可以看出,冲击载荷作用下含两方形孔的 SS‑4‑3 试样在750 μs 时刻于预制 V 形切槽左侧产生了一条剪切裂纹(S‑1);在 1 250 μs 时刻于预制裂纹尖端萌生了主裂纹(T‑S‑1),该裂纹在扩展过程中经历了一段弯折,随后不断向前扩展并与左侧方形孔洞的右上方贯通直至扩展至试样底部。SS‑4‑3

试样的动态裂纹扩展模式较简单,且两孔洞缺陷之间岩桥未发生贯通。

5.2.4 基于 DICM 的裂纹扩展模式分析

数字图像相关方法(DICM)是一种非接触式测量方法,可通过匹配研究区域(Region of Interest,ROI)内变形前后散斑位置获取试样表面的全场位移和应变分布,借助高速相机和数字散斑方法,本研究旨在获得石灰岩试样中应变场分布及其演化规律。如图 5-12 所示,ROI 区域由很多子集组成,子集内部包含数量、大小不一的散斑,这让每一个子集具有独特性。当试样表面发生变形时,DICM 分析将变形后图像内的子集与参考图像内的子集进行匹配,最终得到一个包含相对于参考图像的位移及应变信息的网格。

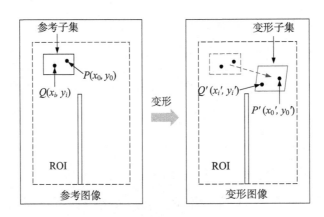

图 5-12 DICM 原理示意图

其中,应变分量根据格林-拉格朗日应变进行计算[224]:

$$\varepsilon_{xx} = \frac{1}{2}\left(2\frac{\partial u}{\partial x} + \left(\frac{\partial u}{\partial x}\right)^2 + \left(\frac{\partial v}{\partial x}\right)^2\right) \tag{5-4}$$

$$\varepsilon_{yy} = \frac{1}{2}\left(2\frac{\partial v}{\partial y} + \left(\frac{\partial u}{\partial y}\right)^2 + \left(\frac{\partial v}{\partial y}\right)^2\right) \tag{5-5}$$

式中,ε_{xx},ε_{yy} 分别表示 x 方向上应变分量和 y 方向上的应变分量。

通过上述高速相机记录的各试样裂纹动态扩展过程可知,试样中裂纹扩展模式基本包括拉伸裂纹、剪切裂纹和拉剪复合裂纹,为了进一步研究试样中这三种裂纹的扩展演化特征,采用 DICM 技术对典型石灰岩试样 SS-2-1 的应变场进行分析,如图 5-13 所示。其中,图 5-13(a)～图 5-13(d)和图 5-13(e)～图 5-13(h)分别为试样变形破坏过程中拉伸应变场和剪切应变场的演化过程。从图 5-13(a)～图 5-13(d)可以看出,拉伸应变场集中区伴随主裂纹的不断发育从裂纹尖端蔓延至右侧的孔洞缺陷附近,图 5 - 13(d)中试样主裂纹尖端的拉伸应变为 2.09×10^{-2},表明右侧孔洞周围存在明显拉伸变形。同时,从图 5 - 13(e)~图 5 - 13(h)的剪切应变场演化过程可知,右侧孔洞周围亦存在显著的剪切变形,其剪切应变最大值为 6.60×10^{-3},因此,可以佐证右侧孔洞缺陷周围的裂纹为拉伸-剪切复合模式。此外,通过图中应变场分布可以看出,在拉伸和剪切应变场演化过程中,在 ROI 的边界出现了一些局部应变增大区域,这些区域表明在主裂纹扩展路径之外,仍存在一些次生拉伸和剪切裂纹萌生区。随着冲击加载的进行,缺陷下端出现了明显的宏观裂纹,且其张开位移量不断增大,逐渐不满足 DICM 的分析范围,因此出现了局部云图空白区。试样中主裂纹扩展总是沿着拉伸应变最大区域,这也证明了数字图像分析系统的准确性。

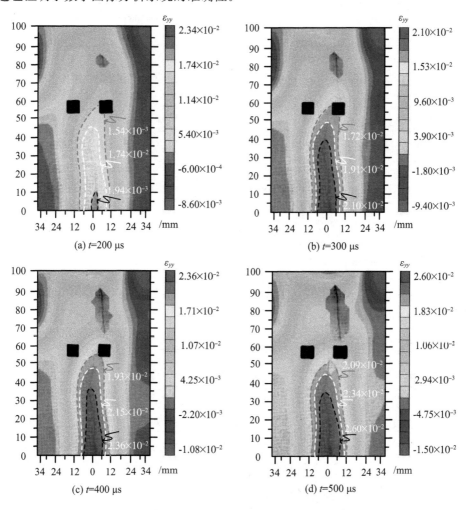

图 5 - 13 试样 SS - 2 - 1 的应变场演化过程

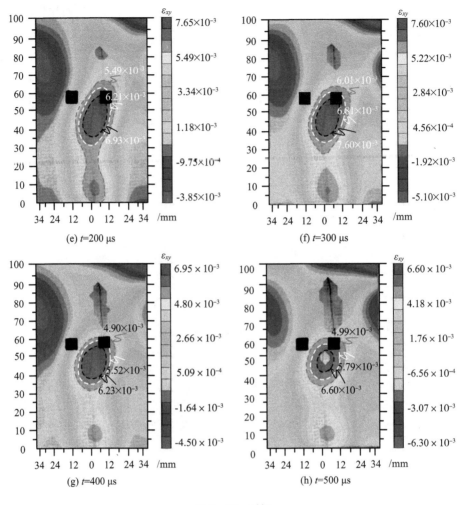

图 5－13 （续）

5.2.5 含双孔洞石灰岩动态裂纹扩展类型

为了进一步研究含不同形状和间距双孔洞石灰岩试样的断裂特征，将试样最终破坏形态及裂纹分布特征进行素描分析，表 5－2 为含双孔洞石灰岩试样最终破坏模式和裂纹素描对比图。可以看出，两孔洞缺陷呈对称分布且间距较小的试样（前两行），其最终裂纹发育数量整体上要多于非对称分布且间距较大的孔洞试样（后两行），其中以 SS－1－1 试样的裂纹密度为最大，表明孔洞缺陷呈非对称分布且间距较大时，试样内部更容易发生非对称变形且产生较大应力集中，导致最终形成的裂纹模式较为简单，裂纹数量较少。图 5－14 为根据以往研究含预制缺陷岩石试样受动载冲击下裂纹萌生和扩展过程的分类[225-226]，试样加载方向由左至右。其中，类型Ⅰ、Ⅱ和Ⅵ为剪切裂纹，类型Ⅲ和Ⅴ为拉伸裂纹，类型Ⅳ为剪切-拉伸复合裂纹。依据上述分类的6种典型裂纹，将表5-2中各石灰岩试样最终破坏模式及裂纹类型进行比对分析，得出冲击载荷作用下含双孔洞石灰岩试样动态裂纹生长类型，如表5-3所示。

表5-2　含不同形状和间距的双孔洞石灰岩试样最终破坏模式对比图

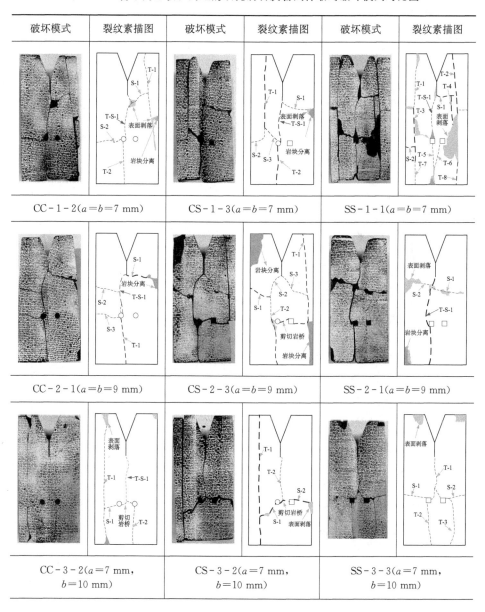

破坏模式	裂纹素描图	破坏模式	裂纹素描图	破坏模式	裂纹素描图
CC-1-2($a=b=7$ mm)		CS-1-3($a=b=7$ mm)		SS-1-1($a=b=7$ mm)	
CC-2-1($a=b=9$ mm)		CS-2-3($a=b=9$ mm)		SS-2-1($a=b=9$ mm)	
CC-3-2($a=7$ mm, $b=10$ mm)		CS-3-2($a=7$ mm, $b=10$ mm)		SS-3-3($a=7$ mm, $b=10$ mm)	

表5-2(续)

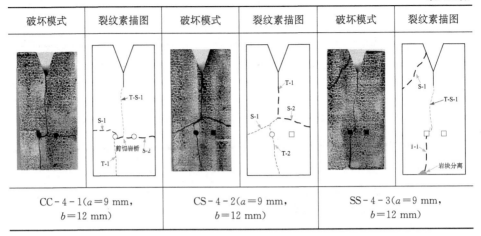

破坏模式	裂纹素描图	破坏模式	裂纹素描图	破坏模式	裂纹素描图
CC-4-1(a=9 mm, b=12 mm)		CS-4-2(a=9 mm, b=12 mm)		SS-4-3(a=9 mm, b=12 mm)	

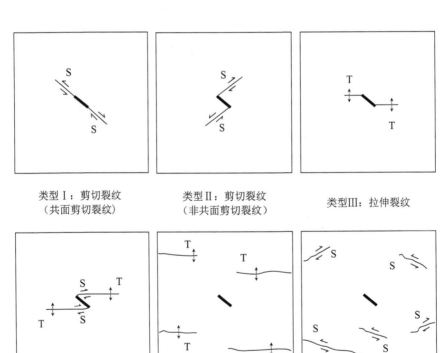

类型Ⅰ：剪切裂纹
（共面剪切裂纹）

类型Ⅱ：剪切裂纹
（非共面剪切裂纹）

类型Ⅲ：拉伸裂纹

类型Ⅳ：剪切-拉伸复合裂纹

类型Ⅴ：远场拉伸裂纹

类型Ⅵ：远场剪切裂纹

图5-14 含预制缺陷岩石试样受动载冲击产生的六种典型裂纹[224]

表 5-3　冲击载荷作用下含双孔洞石灰岩试样动态裂纹生长类型

试样编号	裂纹类型						岩桥贯通	表面剥落	岩块分离
	类型Ⅰ	类型Ⅱ	类型Ⅲ	类型Ⅳ	类型Ⅴ	类型Ⅵ			
CC-1-2		√	√	√	√¹	√		√	√
CS-1-3		√	√	√¹	√	√		√	√
SS-1-1		√	√	√¹	√	√	√	√	√
CC-2-1		√	√	√¹					√
CS-2-3		√			√¹	√	√		√
SS-2-1			√	√¹					√
CC-3-2		√	√	√¹			√		
CS-3-2		√			√		√		
SS-3-3			√	√¹				√	
CC-4-1		√	√	√¹			√		
CS-4-2		√			√¹				
SS-4-3			√	√¹					√

注：√¹ 表示从缺陷处首先起裂的裂纹。

可以看出,大部分试样中均含剪切-拉伸复合裂纹,且该裂纹为从预制裂缝尖端首先起裂的裂纹,表明石灰岩试样下方的孔洞缺陷对其主裂纹发育具有显著影响,缺陷影响了裂纹前端的应力场分布,使得出现的拉伸裂纹扩展方向产生了偏转,因此最终破坏主模式为剪切-拉伸复合断裂。此外,在石灰岩试样的破坏模式中,类型Ⅴ和Ⅵ的远场拉伸和剪切裂纹较为常见,表明冲击载荷下除了缺陷周围,其他区域也会有次生剪切和拉伸裂纹发育。这是由于含双孔洞缺陷石灰岩试样的破坏模式较为复杂,在离孔洞缺陷较远的试样两端常常首先萌生拉伸裂纹,在拉伸裂纹传播至孔洞缺陷之前,由于受缺陷形状和间距的影响,导致板状石灰岩试样中缺陷周围产生剪切应力,随着加载时间的持续,必然伴随一些剪切裂纹的产生,这也可以从上文的 DICM 分析结果中看出。另外还有类型Ⅱ和Ⅲ的裂纹伴随出现在缺陷孔洞周围,从总体数量而言,缺陷周围的拉伸裂纹要多于剪切裂纹。值得注意的是,部分试样最终的破坏模式为两孔洞缺陷所连接的岩桥贯通,如试样 SS-1-1、CS-2-3、CC-3-2、CS-3-2 和 CC-4-1,并且一些试样出现了表面岩屑剥落以及较大岩块分离的破坏特征,其中 $a=b=7$ mm 类型试样的表面岩屑剥落及岩块分离特征最为明显,如 SS-1-1。而 $a=9$ mm, $b=12$ mm 类型试样的表面完整性最好,如 SS-4-3,这表明缺陷间距的非对称性有利于抑制岩石表面(尤其孔洞缺陷周围)的岩屑剥落。

5.2.6 含双孔洞石灰岩动态裂纹扩展速度

采用高速摄像仪实时观测孔洞试样中裂纹扩展全过程,可以获得岩石试样裂纹动态扩展的起止时间,并将拍摄到的照片通过 Image J 图像处理软件定量量测各裂纹的扩展长度,从而可以确定裂纹的扩展速度。试验设置高速摄像仪帧率为20 000 fps,则相邻两张照片时间间隔为 50 μs,以初始裂纹为例,微小碎屑的出现确定为此次裂纹扩展的开始,该裂纹出现分支前确定为此次裂纹扩展的结束,假设完成此次裂纹扩展过程共用照片 N 张,则所用时间 $T = 50N(\mu s)$。将高速摄像仪拍摄到的试样裂纹扩展照片导入 Image J 图像处理软件中,根据裂纹扩展路径确定裂纹长度 L。动态裂纹表观扩展速度 v 的计算式为 $v = 1\,000L/T$,其中:L 为根据裂纹起点和终点的两点连线确定的直线路径,T 为裂纹扩展所用时间(μs)。

此外,考虑到试样中裂纹扩展的弯折性及其分形效应[227-229],对应计算了分形裂纹扩展速度(v_D),分形裂纹扩展速度的计算是在上述表观扩展速度的基础上,考虑了裂纹扩展路径的非线性和不规则性,以实际裂纹尖端扩展路径和所记录的全程裂纹扩展时间计算所得[18]。表 5-4 为统计的含双孔洞石灰岩试样初始裂纹动态扩展速度相关参数。

表 5-4 含双孔洞石灰岩试样裂纹动态扩展速度相关参数

试样编号	裂纹类型	L/mm	L_D/mm	T'/μs	v/ (m·s^{-1})	v_D/ (m·s^{-1})	v_D/v
CC-1-2	T-1	67.59	69.76	150	450.60	465.07	1.03
	T-2	35.83	38.34	100	358.30	383.40	1.07
	T-S-1	39.52	40.75	150	263.47	271.67	1.03
	S-1	14.01	15.58	100	140.10	155.80	1.11
	S-2	23.67	26.07	250	94.68	104.28	1.10
CS-1-3	T-1	93.55	94.47	250	374.20	377.88	1.01
	T-2	38.41	39.56	400	96.03	98.90	1.03
	T-S-1	41.52	44.24	400	103.80	110.60	1.07
	S-1	38.95	41.75	150	259.67	278.33	1.07
	S-2	21.54	25.14	100	215.40	251.40	1.17
	S-3	16.38	17.45	100	163.80	174.50	1.07
SS-1-1	T-1	44.66	45.20	200	223.30	226.00	1.01
	T-2	65.06	67.71	250	260.24	270.84	1.04

表5-4（续）

试样编号	裂纹类型	L/mm	L_D/mm	$T'/\mu s$	$v/$ $(m \cdot s^{-1})$	$v_D/$ $(m \cdot s^{-1})$	v_D/v
SS-1-1	T-3	54.82	56.46	250	219.28	225.84	1.03
	T-4	31.58	32.17	100	315.80	321.70	1.02
	T-5	23.85	25.58	100	238.50	255.80	1.07
	T-6	24.72	25.81	100	247.20	258.10	1.04
	T-7	27.00	28.35	150	180.00	189.00	1.05
	T-8	19.86	21.09	200	99.30	105.45	1.06
	S-1	20.22	21.31	250	80.88	85.24	1.05
	S-2	8.34	8.72	300	27.80	29.07	1.05
	T-S-1	37.07	39.52	150	247.13	263.47	1.07
CC-2-1	T-1	53.15	54.13	100	531.50	541.30	1.02
	S-1	17.46	19.16	250	69.84	76.64	1.10
	S-2	29.21	31.04	250	116.84	124.16	1.06
	S-3	29.49	29.98	100	294.90	299.80	1.02
	T-S-1	52.87	56.65	100	528.70	566.50	1.07
CS-2-3	T-1	77.12	78.84	150	514.13	525.60	1.02
	T-2	24.79	27.50	150	165.27	183.33	1.11
	S-1	20.90	22.45	150	139.33	149.67	1.07
	S-2	27.28	28.92	150	181.87	192.80	1.06
	S-3	27.67	30.91	150	184.47	206.07	1.12
SS-2-1	T-S-1	91.08	96.83	200	455.40	484.15	1.06
	S-1	12.56	13.38	250	50.24	53.52	1.07
	S-2	31.25	32.72	200	156.25	163.60	1.05
CC-3-2	T-1	90.29	92.30	400	225.73	230.75	1.02
	T-2	29.46	34.20	200	147.30	171.00	1.16
	S-1	10.98	12.68	300	36.60	42.27	1.15
	T-S-1	40.58	40.91	450	90.18	90.91	1.01
CS-3-2	T-1	101.43	102.63	250	405.72	410.52	1.01
	T-2	31.69	32.13	400	79.23	80.33	1.01
	S-1	8.97	9.19	150	59.80	61.27	1.02
	S-2	9.03	10.52	250	36.12	42.08	1.17
SS-3-3	T-1	32.73	33.35	300	109.10	111.17	1.02
	T-2	37.59	38.57	300	125.30	128.57	1.03

表5-4(续)

试样编号	裂纹类型	L/mm	L_D/mm	T'/μs	v/(m·s^{-1})	v_D/(m·s^{-1})	v_D/v
SS-3-3	T-3	41.17	45.10	400	102.93	112.75	1.10
	S-1	21.28	22.71	300	70.93	75.70	1.07
	S-2	14.49	14.78	350	41.40	42.23	1.02
CC-4-1	T-1	35.76	36.43	350	102.17	104.09	1.02
	S-1	19.73	21.10	150	131.53	140.67	1.07
	S-2	21.15	22.33	200	105.75	111.65	1.06
	T-S-1	50.02	51.74	350	142.91	147.83	1.03
CS-4-2	T-1	33.14	33.68	250	132.56	134.72	1.02
	T-2	39.64	41.05	300	132.13	136.83	1.04
	S-1	39.19	40.01	250	156.76	160.04	1.02
	S-2	37.75	40.63	250	151.00	162.52	1.08
SS-4-3	T-1	32.95	36.73	250	131.80	146.92	1.11
	S-1	46.04	49.15	300	153.47	163.83	1.07
	T-S-1	44.66	47.09	300	148.87	156.97	1.05

注:T为拉伸裂纹,S为剪切裂纹,T-S为拉伸-剪切复合裂纹。

由表5-4可知,含对称间距孔洞试样中,拉伸裂纹扩展速度一般为同组中最大值,而剪切裂纹多为次生裂纹,其扩展速度普遍较低。以CC-1-2试样为例,拉伸裂纹动态扩展速度约为剪切裂纹的2.55~4.75倍,同时拉伸-剪切复合裂纹扩展速度也较快,甚至高于剪切裂纹;而孔洞间距为$a=9$ mm、$b=12$ mm类型试样中,拉伸裂纹扩展速度稍低于剪切裂纹,如CC-4-1和SS-4-3,且该类型试样的裂纹扩展速度最大值和平均值均低于含对称间距孔洞试样。这表明当孔洞缺陷呈非对称且间距增大时,其裂纹扩展速度最大值和平均值会显著降低。如果将该结论与试样中岩屑剥落现象结合来看,可以发现,孔洞间距为$a=9$ mm、$b=12$ mm类型试样中,其裂纹扩展速度最大值和平均值显著降低,侧面反映了试样对动态应力波扰动的响应敏感性降低,因此,其最终的岩样表面完整性较好,岩屑剥落情况最少。考虑扩展路径分形效应的裂纹速度为表观裂纹扩展速度的1.01~1.17倍。本书测试岩石动态裂纹扩展速度的方法可观察裂纹从萌生、扩展到汇聚贯通的全过程,且可以清楚记录各类型裂纹萌生的先后次序和时刻,能够有效提升脆性材料动态裂纹扩展速度的测量精度。然而,受限于当前的监测技术,对试样破坏过程的监测往往局限于试样表面,试样破坏面是三维曲折的,后续对于岩石内部裂纹及其破坏过程的全面研究,将有助于对岩石断裂机制的深入认识。

5.3　本章小结

（1）孔洞间距的非对称增长对石灰岩试样峰值强度具有较大弱化影响，非对称孔洞缺陷的间距越大，其对试样的峰值强度弱化程度越高；孔洞间距呈现为非对称状态时，试样由于受力不均易较早发生压缩变形破坏。

（2）在试样受到加载杆的撞击之后，试样在动态拉伸作用下产生了主裂纹，然而主裂纹尖端应力场受下方缺陷影响产生了非均匀分布，导致其扩展路径产生弯折，方形孔洞破坏过程中其应力集中易发生在直角位置。

（3）DICM 分析表明孔洞缺陷周围存在明显的拉伸和剪切变形，可以佐证孔洞缺陷周围的裂纹为拉伸-剪切复合模式；在主裂纹扩展路径之外，仍存在一些次生拉伸和剪切裂纹萌生区。

（4）当孔洞缺陷呈非对称分布且间距较大时，最终形成的裂纹模式更为简单，裂纹数量较少，裂纹扩展速度显著降低，有利于抑制岩石表面（尤其孔洞缺陷周围）的岩屑剥落现象。

参 考 文 献

［1］袁亮. 我国深部煤与瓦斯共采战略思考［J］. 煤炭学报，2016，41(1)：1－6.

［2］秦勇，袁亮，胡千庭，等. 我国煤层气勘探与开发技术现状及发展方向［J］. 煤炭科学技术，2012，40(10)：1－6.

［3］姚艳斌，刘大锰，黄文辉，等. 两淮煤田煤储层孔-裂隙系统与煤层气产出性能研究［J］. 煤炭学报，2006，31(2)：163－168.

［4］ZHENG Y F, ZHAI C, CHEN A K, et al. Microstructure evolution of bituminite and anthracite modified by different fracturing fluids［J］. Energy, 2023，263：125732.

［5］LAU H C, LI H Y, HUANG S. Challenges and opportunities of coalbed methane development in China［J］. Energy and fuels, 2017，31(5)：4588－4602.

［6］孙粉锦，王勃，李梦溪，等. 沁水盆地南部煤层气富集高产主控地质因素［J］. 石油学报，2014，35(6)：1070－1079.

［7］邹才能，杨智，黄士鹏，等. 煤系天然气的资源类型、形成分布与发展前景［J］. 石油勘探与开发，2019，46(3)：433－442.

［8］李国庆，孟召平，王保玉. 高煤阶煤层气扩散-渗流机理及初期排采强度数值模拟［J］. 煤炭学报，2014，39(9)：1919－1926.

［9］朱庆忠，鲁秀芹，杨延辉，等. 郑庄区块高阶煤层气低效产能区耦合盘活技术［J］. 煤炭学报，2019，44(8)：2547－2555.

［10］HILLERBORG A, MODÉER M, PETERSSON P E. Analysis of crack formation and crack growth in concrete by means of fracture mechanics and finite elements［J］. Cement and concrete research, 1976，6(6)：773－781.

［11］BAŽANT Z P, PLANAS J. Fracture and size effect in concrete and other quasibrittle materials［M］. Boca Raton, Florida：CRC Press, 1998.

［12］INGRAFFEA A R. Theory of crack initiation and propagation in rock［J］. Fracture mechanics of rock, 1987，10：93－94.

［13］纪维伟，潘鹏志，苗书婷，等. 基于数字图像相关法的两类岩石断裂特征研究［J］. 岩土力学，2016，37(8)：2299－2305.

［14］安定超，张盛，张旭龙，等. 岩石断裂过程区孕育规律与声发射特征实验研究［J］. 岩石力学与工程学报，2021，40(2)：290-301.

［15］DUTLER N，NEJATI M，VALLEY B，et al. On the link between fracture toughness, tensile strength, and fracture process zone in anisotropic rocks［J］. Engineering fracture mechanics，2018，201：56-79.

［16］LIN Q，WANG S Q，WAN B，et al. Characterization of fracture process in sandstone：a linear correspondence between acoustic emission energy density and opening displacement gradient［J］. Rock mechanics and rock engineering，2020，53(2)：975-981.

［17］KEERTHANA K，KISHEN J M C. Micromechanics of fracture and failure in concrete under monotonic and fatigue loadings［J］. Mechanics of materials，2020，148：103490.

［18］龚爽，赵毅鑫，王震，等. 层理对煤岩动态裂纹扩展分形特征的影响［J］. 煤炭学报，2021，46(8)：2574-2582.

［19］方士正，杨仁树，李炜煜，等. 基于 NSCB 方法的冻结红砂岩动态断裂特性试验［J］. 工程科学学报，2023，45(10)：1704-1715.

［20］RAZAVI N，ALIHA M R M，BERTO F. Application of an average strain energy density criterion to obtain the mixed mode fracture load of granite rock tested with the cracked asymmetric four-point bend specimens［J］. Theoretical and applied fracture mechanics，2018，97：419-425.

［21］YIN T B，BAI L，LI X，et al. Effect of thermal treatment on the mode Ⅰ fracture toughness of granite under dynamic and static coupling load［J］. Engineering fracture mechanics，2018，199：143-158.

［22］WEI M D，DAI F，LIU Y，et al. A fracture model for assessing tensile mode crack growth resistance of rocks［J］. Journal of rock mechanics and geotechnical engineering，2023，15(2)：395-411.

［23］XIONG J，LIU K Y，SHI C，et al. Logging prediction and evaluation of fracture toughness for the shales in the longmaxi formation，southern sichuan basin［J］. Petroleum，2021，7(3)：254-262.

［24］YANG H W，KRAUSE M，RENNER J. Determination of fracture toughness of mode Ⅰ fractures from three-point bending tests at elevated confining pressures［J］. Rock mechanics and rock engineering，2021，54(10)：5295-5317.

[25] PENG K, LV H, ZOU Q L, et al. Evolutionary characteristics of mode-Ⅰ fracture toughness and fracture energy in granite from different burial depths under high-temperature effect[J]. Engineering fracture mechanics, 2020, 239: 107306.

[26] LI C, HU Y Q, MENG T, et al. Mode-Ⅰ fracture toughness and mechanisms of salt-rock gypsum interlayers under real-time high-temperature conditions[J]. Engineering fracture mechanics, 2020, 240: 107357.

[27] ZHANG Q B, ZHAO J. Effect of loading rate on fracture toughness and failure micromechanisms in marble[J]. Engineering fracture mechanics, 2013, 102: 288-309.

[28] LV Y C. Effect of bedding plane direction on fracture toughness of shale under different loading rates[J]. Chinese journal of rock mechanics and engineering, 2018, 37(6): 1359-1370.

[29] 李光雷, 蔚立元, 靖洪文, 等. 酸腐蚀后灰岩动态压缩力学性质的试验研究[J]. 岩土力学, 2017, 38(11): 3247-3254.

[30] 廖健, 赵延林, 刘强, 等. 酸化学腐蚀下灰岩剪切强度特性试验研究[J]. 采矿与安全工程学报, 2020, 37(3): 639-646.

[31] 张重远, 窦子豪, 周伦仕, 等. 酸蚀作用对岩石裂隙剪切行为的影响规律研究[J]. 岩石力学与工程学报, 2023, 42(S1): 3256-3265.

[32] 谢妮, 王丁浩, 吕阳, 等. 酸腐蚀作用下川渝红层砂岩蠕变特性试验研究[J]. 地质科技通报, 2022, 41(5): 141-149.

[33] 陈立超, 王生维, 张典坤. 酸化反应对煤矿顶板硬砂岩断裂行为的影响[J]. 地下空间与工程学报, 2023, 19(4): 1188-1195.

[34] 何春明, 郭建春. 酸液对灰岩力学性质影响的机制研究[J]. 岩石力学与工程学报, 2013, 32(S2): 3016-3021.

[35] WANG Z P, GE Z L, LI R H, et al. Effects of acid-based fracturing fluids with variable hydrochloric acid contents on the microstructure of bituminous coal: an experimental study[J]. Energy, 2022, 244: 122621.

[36] GUO Y D, LI X B, HUANG L Q. Insight into spontaneous water-based working fluid imbibition on the dynamic tensile behavior of anisotropic shale[J]. Engineering geology, 2022, 308: 106830.

[37] XIAO Y J, HURICH C, BUTT S D. Assessment of rock-bit interaction and drilling performance using elastic waves propagated by the drilling sys-

tem[J]. International journal of rock mechanics and mining sciences, 2018, 105: 11 - 21.

[38] SHENG M, TIAN S C, CHENG Z, et al. Insights into the influence of fluid imbibition on dynamic mechanics of tight shale[J]. Journal of petroleum science and engineering, 2019, 173, 1031 - 1036.

[39] CARROLL M M. Mechanics of geological materials[J]. Applied mechanics reviews, 1985, 38(10): 1256 - 1260.

[40] REVNIVTSEV V I. We really need revolution in comminution, in: ⅩⅥ International Mineral Processing Congress[J]. Elsevier science publishers Amsterdam, 1988: 93 - 114.

[41] PRASHER C L. Crushing and grinding process handbook[M]. Chichester: John Wiley & Sons Limited, 1987: 1 - 5.

[42] CHI G, FUERSTENAU M C, BRADT R C, et al. Improved comminution efficiency through controlled blasting during mining[J]. International journal of mineral processing, 1996, 47(1 - 2): 93 - 101.

[43] 杨健锋, 梁卫国, 陈跃都, 等. 不同水损伤程度下泥岩断裂力学特性试验研究[J]. 岩石力学与工程学报, 2017, 36(10): 2431 - 2440.

[44] 韩铁林, 师俊平, 陈蕴生, 等. 不同化学溶液下砂岩Ⅰ型断裂韧度及其强度参数相关性的试验研究[J]. 固体力学学报, 2017, 38(5): 451 - 464.

[45] 张盛, 王东坤, 王龙飞, 等. 基于 NSCB 石灰岩试样的加载速率和尺寸效应对其断裂韧度的影响研究[J]. 河南理工大学学报(自然科学版), 2021, 40(4): 162 - 170.

[46] 武鹏飞, 梁卫国, 曹孟涛, 等. 煤体在不同层理方位Ⅰ型断裂特征试验研究[J]. 地下空间与工程学报, 2017, 13(S2): 538 - 545.

[47] 李二强, 张龙飞, 赵宁宁, 等. 风化作用下层状板岩Ⅰ型断裂特性试验研究[J]. 中南大学学报(自然科学版), 2022, 53(4): 1406 - 1415.

[48] ZHOU Z L, CAI X, MA D, et al. Effects of water content on fracture and mechanical behavior of sandstone with a low clay mineral content[J]. Engineering fracture mechanics, 2018, 193: 47 - 65.

[49] 蔡增辉, 黄滚, 郑杰, 等. Ⅰ型静态断裂韧度与破碎后新增表面积关系试验研究[J]. 岩石力学与工程学报, 2021, 40(8): 1570 - 1579.

[50] 宋义敏, 邢同振, 吕祥锋, 等. 不同加载速率Ⅰ型预制裂纹花岗岩断裂特征研究[J]. 岩土力学, 2018, 39(12): 4369 - 4384.

[51] 王伟，赵毅鑫，高艺瑞，等. 层理和预制裂纹方向对煤断裂力学性质影响规律试验研究[J]. 岩石力学与工程学报，2022，41(3)：433 – 445.

[52] XIE Y S, CAO P, JIN J, et al. Mixed mode fracture analysis of semi-circular bend (SCB) specimen：a numerical study based on extended finite element method[J]. Computers and geotechnics, 2017, 82：157 – 172.

[53] 毕井龙，梁卫国，耿毅德，等. 温度和层理对油页岩断裂韧度影响的试验研究[J]. 地下空间与工程学报，2018，14(4)：1007 – 1015.

[54] 李莹，陈亮，刘建锋，等. 饱水与晶体粒度对北山花岗岩断裂韧度影响的试验研究[J]. 岩石力学与工程学报，2018，37(S1)：3169 – 3177.

[55] 赵毅鑫，孙庄，宋红华，等. 煤 I 型动态断裂裂纹扩展规律试验与数值模拟研究[J]. 煤炭学报，2020，45(12)：3961 – 3972.

[56] SHI X S, YAO W, LIU D A, et al. Experimental study of the dynamic fracture toughness of anisotropic black shale using notched semi-circular bend specimens[J]. Engineering fracture mechanics, 2019, 205：136 – 151.

[57] 殷志强，谢广祥，胡祖祥，等. 不同瓦斯压力下煤岩三点弯曲断裂特性研究[J]. 煤炭学报，2016，41(2)：424 – 431.

[58] WANG Y B, YANG R S. Study of the dynamic fracture characteristics of coal with a bedding structure based on the NSCB impact test[J]. Engineering fracture mechanics, 2017, 184：319 – 338.

[59] ZHOU X P, QIAN Q H, YANG H Q. Effect of loading rate on fracture characteristics of rock[J]. Journal of Central South University of Technology, 2010, 17(1)：150 – 155.

[60] SHI X S, ZHAO Y X, GONG S, et al. Co-effects of bedding planes and loading condition on mode- I fracture toughness of anisotropic rocks[J]. Theoretical and applied fracture mechanics, 2022, 117：103158.

[61] DAI F, XIA K W. Laboratory measurements of the rate dependence of the fracture toughness anisotropy of Barre granite[J]. International journal of rock mechanics and mining sciences, 2013, 60：57 – 65.

[62] KLEPACZKO J R, HSU T R, BASSIM M N. Elastic and pseudoviscous properties of coal under quasi-static and impact loadings[J]. Canadian geotechnical journal, 2011, 21(2)：203 – 212.

[63] 丁梧秀，陈建平，徐桃，等. 化学溶液侵蚀下灰岩的力学及化学溶解特性研究[J]. 岩土力学，2015，36(7)：1825 – 1830.

［64］张村，韩鹏华，王方田，等. 采动水浸作用下矿井地下水库残留煤柱稳定性［J］. 中国矿业大学学报，2021，50（2）：220-247.

［65］陈光波，李谭，杨磊，等. 水岩作用下煤岩组合体力学特性与损伤特征［J］. 煤炭科学技术，2023，51（4）：37-46.

［66］韩鹏华，赵毅鑫，高森，等. 长期水浸作用下煤样渐进破坏特征及损伤本构模型［J］. 岩石力学与工程学报，2024，43（4）：918-933.

［67］QIAN R P，FENG G R，GUO J，et al. Effects of water-soaking height on the deformation and failure of coal in uniaxial compression［J］. Applied sciences，2019，9（20）：4370.

［68］林海飞，仇悦，王瑞哲，等. 多级脉冲超声波激励含水煤体瓦斯解吸特征的试验研究［J］. 煤炭学报，2024，49（3）：1403-1413.

［69］冯玉凤，董虎子. 基于不同含水率煤的瓦斯解吸特性推算煤层瓦斯压力方法研究［J］. 煤矿安全，2023，54（9）：8-14.

［70］尹大伟，丁屹松，汪锋，等. 考虑初始损伤的压力水浸煤岩力学特性试验研究［J］. 煤炭学报，2023，48（12）：4417-4432.

［71］朱广安，刘欢，苏晓华，等. 基于声发射特征的含水煤体钻屑法临界指标优化试验研究［J］. 煤炭学报，2023，48（12）：4433-4442.

［72］HUANG Q M，YAN Y T，WANG G，et al. Imbibition behavior of water on coal surface and the impact of surfactant［J］. Fuel，2024，355：129475.

［73］袁文. 酸碱环境干湿循环作用下砂岩强度劣化规律及化学作用机制研究［D］. 重庆：重庆大学，2017.

［74］赵博，文光才，孙海涛，等. 煤岩渗透率对酸化作用响应规律的试验研究［J］. 煤炭学报，2017，42（8）：2019-2025.

［75］原文杰. 酸液改性煤样吸附性能及分形特征研究［J］. 煤矿安全，2022，53（11）：31-35.

［76］王志坚，杨晓国，郝军，等. 有机酸与无机酸对煤体孔隙结构和矿物组分的影响对比研究［J］. 煤炭与化工，2023，46（12）：90-93.

［77］XU Q F，LIU R L，YANG H T. Effect of acid and alkali solutions on micro-components of coal［J］. Journal of molecular liquids，2021，329：115518.

［78］SUN X W，LIANG W M，LI M M，et al. Microstructure study of high-rank coal in an alkaline solution at the Chengzhuang Mine［J］. Langmuir，2023，39（17）：5945-5955.

［79］袁梅，李照平，李波波，等. 酸化对煤微观结构及煤层气解吸-扩散的影

响[J]. 天然气工业，2022，42(6)：163－172.

[80] 郑翔，韩文梅. 酸腐蚀对煤动态拉伸强度及能量耗散影响的试验研究[J]. 煤炭工程，2024，56(1)：177－182.

[81] SHIVAPRASAD K H, NAGABHUSHANA M M, VENKATAIAH C. Reduction of ash content in raw coal using acids and alkali[J]. Journal of chemistry, 2010, 7(4)：1254－1257.

[82] LI S, NI G H, WANG H, et al. Effects of acid solution of different components on the pore structure and mechanical properties of coal[J]. Advanced powder technology, 2020, 31(4)：1736－1747.

[83] LIU Z, JIAO L S, YANG H, et al. Study on the microstructural characteristics of coal and the mechanism of wettability of surfactant solutions at different pH levels[J]. Fuel, 2023, 353：129268.

[84] LI P R, YANG Y L, ZHAO X H, et al. Spontaneous combustion and oxidation kinetic characteristics of alkaline-water-immersed coal[J]. Energy, 2023, 263：126092.

[85] 王子娟，刘新荣，傅晏，等. 酸性环境干湿循环作用对泥质砂岩力学参数的劣化研究[J]. 岩土工程学报，2016，38(6)：1152－1159.

[86] 段国勇，徐广超，罗文庆，等. 酸碱环境下泥岩土石混合体剪切特性研究[J]. 水利水电技术，2024，55(2)：148－155.

[87] 苗胜军，蔡美峰，冀东，等. 酸性化学溶液作用下花岗岩损伤时效特征与机理[J]. 煤炭学报，2016，41(5)：1137－1144.

[88] 付丽，左双英，王露，等. 层状灰岩酸蚀化学-力学损伤演化机制研究[J]. 工程地质学报，2024，32(2)：492－502.

[89] 童艳梅，张虎元，李雪婷，等. 碱性溶液对高庙子膨润土缓冲性能的影响[J]. 世界核地质科学，2023，40(S1)：607－613.

[90] 李勇，胡双杰，桂辉高，等. 层理方向对含预制裂纹页岩Ⅰ型断裂特性的影响[J]. 矿业安全与环保，2024，51(1)：1－6.

[91] 卢义玉，赵贵林，汤积仁，等. 页岩平行/垂直层理剪切裂缝导流特性对比研究[J]. 岩石力学与工程学报，2024，43(2)：298－307.

[92] 张思源，韩冰，原俊红，等. 层理方向对砂岩力学性质和渗透性的影响研究[J]. 地下空间与工程学报，2023，19(S2)：617－631.

[93] 朱健，胡国忠，许家林，等. 煤层层理对微波破煤增透效果的影响规律[J]. 煤炭学报，2024，49(5)：2324－2337.

[94] 张国宁，赵毅鑫，孙远东，等. 单轴压缩下不同层理煤能量演化及红外辐射特征研究[J]. 煤炭科学技术，2024.

[95] 翟成，马征. 煤体层理方向对液态 CO_2 致裂效果的影响规律[J]. 湖南科技大学学报（自然科学版），2020，35(2)：1-9.

[96] 解北京，王新艳，吕平洋. 层理煤岩 SHPB 冲击破坏动态力学特性实验[J]. 振动与冲击，2017，36(21)：117-124.

[97] 李磊，李宏艳，李凤明，等. 层理角度对硬煤冲击倾向性影响的实验研究[J]. 采矿与安全工程学报，2019，36(5)：987-994.

[98] YANG R, ZHOU Y, MA D P. Failure mechanism and acoustic emission precursors of coal samples considering bedding effect under triaxial unloading condition[J]. Geofluids, 2022, 2022(1)：8083443.

[99] LIU J J, YANG D, HU J M, et al. Experimental study on the mechanical properties and acoustic emission characteristics of different bedding high-rank coals[J]. ACS omega, 2023, 8(24)：22168-22177.

[100] YOU S, SUN J C, WANG H T. Bedding plane effects on mechanical behavior of surrounding rock in mountain tunneling[J]. Shock and vibration, 2021, 2021(1)：7346061.

[101] ZUO S Y, ZHAO D L, ZHANG J, et al. Study on anisotropic mechanical properties and failure modes of layered rock using uniaxial compression test[J]. Journal of testing and evaluation, 2021, 49(5)：3756-3775.

[102] DUAN M, JIANG C B, GUO X W, et al. Experimental study on mechanics and seepage of coal under different bedding angle and truetriaxial stress state [J]. Bulletin of engineering geology and the environment, 2022, 81(10)：399.

[103] LI Y F, ZHAO B Y, YANG J S, et al. Experimental study on the influence of confining pressure and bedding angles on mechanical properties in coal [J]. Minerals, 2022, 12(3)：345.

[104] ZHOU Y Y, FENG X T, XU D P, et al. Experimental investigation of the mechanical behavior of bedded rocks and its implication for high sidewall caverns[J]. Rock mechanics and rock engineering, 2016, 49：3643-3669.

[105] XIA L, ZENG Y W, LUO R, et al. Influence of bedding planes on the mechanical characteristics and fracture pattern of transversely isotropic rocks in direct shear tests[J]. Shock and vibration, 2018, 2018(1)：6479031.

[106] ZHOU Y Y, FENG X T, XU D P, et al. An enhanced equivalent continuum model for layered rock mass incorporating bedding structure and stress dependence[J]. International journal of rock mechanics and mining sciences, 2017, 97: 75 - 98.

[107] YIN Q, WU S S, MENG Y Y, et al. Experimental and numerical investigation on mode Ⅰ fracture properties of bedded rocks[J]. Theoretical and applied fracture mechanics, 2023, 124: 103807.

[108] CHENG L, WANG H, CHANG X, et al. Experimental study on the anisotropy of layered rock mass under triaxial conditions[J]. Advances in civil engineering, 2021, 2021(1): 2710244.

[109] MENG Y Y, JING H W, SUN S H, et al. Experimental and numerical studies on the anisotropic mechanical characteristics of rock-like material with bedding planes and voids[J]. Rock mechanics and rock engineering, 2022, 55(11): 7171 - 7189.

[110] SHI X S, ZHAO Y X, YAO W, et al. Dynamic tensile failure of layered sorptive rocks: shale and coal[J]. Engineering failure analysis, 2022, 138: 106346.

[111] LIU M H, LUO X Y, BI R Y, et al. Impacts of bedding angle and cementation type of bedding planes on mechanical behavior of thin-layer structured bedded rocks under uniaxial compression[J]. Geomechanics for energy and the environment, 2023, 35: 100473.

[112] XIE F, XING H Z, WANG M Y. Evaluation of processing parameters in high-speed digital image correlation for strain measurement in rock testing [J]. Rock mechanics and rock engineering, 2022, 55(4): 2205 - 2220.

[113] WANG J, MA L, ZHAO F, et al. Dynamic strain field for granite specimen under SHPB impact tests based on stress wave propagation[J]. Underground space, 2022, 7(5): 767 - 785.

[114] 郝贠洪, 高炯, 吴日根, 等. 基于DIC古建筑青砖受冻融循环作用的损伤演化研究[J]. 建筑材料学报, 2024, 27(8): 764 - 772.

[115] 许颖, 樊悦, 王青原, 等. 基于DIC的聚丙烯纤维增强混凝土断裂过程分析[J]. 华中科技大学学报(自然科学版), 2024, 52(2): 103 - 111.

[116] HUANG Y H, YANG S Q, HALL M R, et al. Experimental study on uniaxial mechanical properties and crack propagation in sandstone containing a

single oval cavity[J]. Archives of civil and mechanical engineering, 2018, 18(4): 1359 - 1373.

[117] 朱泉企, 李地元, 李夕兵. 含预制椭圆形孔洞大理岩变形破坏力学特性试验研究[J]. 岩石力学与工程学报, 2019, 38(S1): 2724 - 2733.

[118] 刘享华, 张科, 李娜, 等. 含孔双裂隙 3D 打印类岩石试件破裂行为定量识别[J]. 岩土力学, 2021, 42(11): 3017 - 3028.

[119] WANG T, ZHANG W Z, ZHAO H B, et al. Strain field evolution and constitutive model of coal considering the effect of beddings[J]. Lithosphere, 2022, 2022(1): 2724512.

[120] WU Y F, LI X, ZHANG L Q, et al. Analysis on spatial variability of SRM based on real-time CT and the DIC method under uniaxial loading[J]. Frontiers in physics, 2022, 10: 789068.

[121] 吴秋红, 夏宇浩, 赵延林, 等. 基于 DIC 及 CPG 技术的热冷循环后花岗岩 I 型断裂特性[J]. 煤炭学报, 2024, 49(7): 3102 - 3117.

[122] 杨子涵, 舒江鹏, 杨静滢, 等. 基于 DIC 技术的钢筋混凝土梁剪切裂缝自动提取与量化方法[J]. 工程力学, 2024, 41(S1): 187 - 196.

[123] 石振祥, 陈徐东, 张忠诚, 等. 基于 DIC 与 AE 技术的湿筛混凝土轴拉试验研究[J]. 长江科学院院报, 2024, 41(1): 175 - 189.

[124] 李二强, 邓小卫, 宋白杨, 等. 含层理结构面层状板岩张拉断裂的 DIC 试验研究[J]. 金属矿山, 2023, (12): 50 - 55.

[125] KO Y H, SEO S H, LIM H S, et al. Application of digital image correlation method for measurement of rock pillar displacement and vibration due to underground mine blasting[J]. Explosives and blasting, 2019, 37(4): 1 - 9.

[126] QI X Y, YANG Z, WANG S W, et al. Mechanical damage test and model study of layered composite rock based on acoustic emission and DIC characteristics[J]. Shock and vibration, 2022, 2022(1): 6568588.

[127] 尚宇琦, 熊钰, 孔德中, 等. 基于 DIC 技术的煤样裂隙发育特征及应变演化规律分析[J]. 煤炭工程, 2023, 55(2): 98 - 104.

[128] 代树红, 徐涛, 黄华森, 等. 基于 DIC - FEM 的岩石 I 型裂纹损伤扩展研究[J]. 辽宁工程技术大学学报(自然科学版), 2023, 42(4): 385 - 390.

[129] HUANG Y H, YANG S Q, RANJITH P G, et al. Strength failure behavior and crack evolution mechanism of granite containing pre-existing non-co-planar holes: experimental study and particle flow modeling[J]. Computers and

geotechnics, 2017, 88: 182 - 198.

[130] XU J, LI Z X. Damage evolution and crack propagation in rocks with dual elliptic flaws in compression[J]. Acta mechanica solida sinica, 2017, 30(6): 573 - 582.

[131] ZHOU Z L, TAN L H, CAO W Z. Fracture evolution and failure behaviour of marble specimens containing rectangular cavities under uniaxial loading[J]. Engineering fracture mechanics, 2017, 184: 183 - 201.

[132] 伍天华, 周喻, 王莉, 等. 单轴压缩条件下岩石孔-隙相互作用机制细观研究[J]. 岩土力学, 2018(S2): 463 - 472.

[133] WANG M, CAO P, WANG W, et al. Crack growth analysis for rock-like materials with ordered multiple pre-cracks under biaxial compression [J]. Journal of Central South University, 2017, 24(4): 866 - 874.

[134] WANG W C, SUN S R, LE H L, et al. Experimental and numerical study on failure modes and shear strength parameters of rock-like specimens containing two infilled flaws[J]. International journal of civil engineering, 2019, 17(12): 1895 - 1908.

[135] ZHOU X P, WANG Y T, ZHANG J Z. Fracturing behavior study of three-flawed specimens by uniaxial compression and 3D digital image correlation: sensitivity to brittleness[J]. Rock mechanics and rock engineering, 2019, 52: 691 - 718.

[136] 李元海, 刘金杉, 唐晓杰, 等. 考虑裂隙的含孔洞软岩体力学特性模拟分析[J]. 采矿与安全工程学报, 2020, 37(3): 594 - 603.

[137] CHENG Z, ZHOU Y M, ZHAO C F, et al. Cracking processes and coalescence modes in rock-like specimens with two parallel pre-existing cracks [J]. Rock mechanics and rock engineering, 2018, 51: 3377 - 3393.

[138] PAN W D, WANG X, LIU Q M, et al. Non-parallel double-crack propagation in rock-like materials under uniaxial compression[J]. International journal of coal science and technology, 2019, 6: 372 - 387.

[139] HUANG Y H, YANG S Q, TIAN W L, et al. An experimental study on fracture mechanical behavior of rock-like materials containing two unparallel fissures under uniaxial compression[J]. Acta mechanica sinica, 2016, 32: 442 - 455.

[140] CHENG H, ZHOU X P, ZHU J, et al. The effects of crack openings

on crack initiation, propagation and coalescence behavior in rock-like materials under uniaxial compression[J]. Rock mechanics and rock engineering, 2016, 49: 3481 – 3494.

[141] HAERI H, SARFARAZI V, MARJI M F. Experimental and numerical investigation of uniaxial compression failure in rock-like specimens with L-shaped nonpersistent cracks[J]. Iranian journal of science and technology, transactions of civil engineering, 2021, 45: 2555 – 2575.

[142] LIN Q B, CAO P, CAO R H, et al. Mechanical behavior around double circular openings in a jointed rock mass under uniaxial compression[J]. Archives of civil and mechanical engineering, 2020, 20(1): 1 – 18.

[143] YIN Q, JING H W, SU H J. Investigation on mechanical behavior and crack coalescence of sandstone specimens containing fissure-hole combined flaws under uniaxial compression[J]. Geosciences journal, 2018, 22: 825 – 842.

[144] SUN X Z, WANG H L, LIU K M, et al. Experimental and numerical study on mixed crack propagation characteristics in rock-like material under uniaxial loading [J]. Geotechnical and geological engineering, 2020, 38(1):191 – 199.

[145] ZENG S, JIANG B W, SUN B. Experimental study on the mechanical properties and crack propagation of jointed rock mass under impact load[J]. Geotechnical and geological engineering, 2019, 37(6): 5359 – 5370.

[146] LIU X R, YANG S Q, HUANG Y H, et al. Experimental study on the strength and fracture mechanism of sandstone containing elliptical holes and fissures under uniaxial compression[J]. Engineering fracture mechanics, 2019, 205: 205 – 217.

[147] HUANG Y H, YANG S Q, ZHAO J. Three-dimensional numerical simulation on triaxial failure mechanical behavior of rock-like specimen containing two unparallel fissures[J]. Rock mechanics and rock engineering, 2016, 49: 4711 – 4729.

[148] ZHOU X P, BI J, QIAN Q H. Numerical simulation of crack growth and coalescence in rock-like materials containing multiple pre-existing flaws[J]. Rock mechanics and rock engineering, 2015, 48(3): 1097 – 1114.

[149] LIU H D, LI L D, ZHAO S L, et al. Complete stress-strain constitutive model considering crack model of brittle rock[J]. Environmental earth sci-

ences，2019，78(21)：1－18.

［150］LI X，KONIETZKY H. Numerical simulation schemes for time-dependent crack growth in hard brittle rock［J］. Acta geotechnica，2015，10：513－531.

［151］WANG Z C，ZHAO W T，PAN K. Analysis of fracture evolution characteristics of coplanar double fracture rock under uniaxial compression［J］. Geotechnical and geological engineering，2020，38(4)：343－352.

［152］蔡美峰，何满潮，刘东燕. 岩石力学与工程［M］. 北京：科学出版社，2002.

［153］于宁宇，李群. M积分与夹杂/缺陷弹性模量的显式关系［J］. 力学学报，2014，46(1)：87－93.

［154］李群，王芳文. 含微缺陷各向异性复合材料中的 Jk 积分和 M 积分［J］. 西安交通大学学报，2008(1)：60－64.

［155］KURUPPU M D，OBARA Y，AYATOLLAHI M R，et al. Isrm-suggested method for determining the mode Ⅰ static fracture toughness using semi-circular bend specimen［J］. Rock mechanics and rock engineering，2014，47(1)：267－274.

［156］赵子江，刘大安，崔振东，等. 半圆盘三点弯曲法测定页岩断裂韧度(K_{IC})的实验研究［J］. 岩土力学，2018，39(S1)：258－266.

［157］KE C C，CHEN C S，TU C H. Determination of fracture toughness of anisotropic rocks by boundary element method［J］. Rock mechanics and rock engineering，2008，41(4)：509－538.

［158］NEJATI M，PALUSZNY A，ZIMMERMAN R W. A disk-shaped domain integral method for the computation of stress intensity factors using tetrahedral meshes［J］. International journal of solids and structures，2015，69：230－251.

［159］WANG S S，YAU J F，CORTEN H T. A mixed-mode crack analysis of rectilinear anisotropic solids using conservation laws of elasticity［J］. International journal of fracture，1980，16(3)：247－259.

［160］BANKS－SILLS L，HERSHKOVITZ I，WAWRZYNEK P A，et al. Methods for calculating stress intensity factors in anisotropic materials：Part i－z ＝ 0 is a symmetric plane［J］. Engineering fracture mechanics，2005，72(15)：2328－2358.

[161] BANKS-SILLS L, WAWRZYNEK P A, CARTER B, et al. Methods for calculating stress intensity factors in anisotropic materials: Part Ⅱ-arbitrary geometry[J]. Engineering fracture mechanics, 2007, 74(8): 1293 - 1307.

[162] DUTLER N, NEJATI M, VALLEY B, et al. On the link between fracture toughness, tensile strength, and fracture process zone in anisotropic rocks[J]. Engineering fracture mechanics, 2018, 201: 56 - 79.

[163] PAN R, ZHANG G Q, LI S Y, et al. Influence of the fracture process zone on fracture propagation mode in layered rocks[J]. Journal of petroleum science and engineering, 2021, 202: 108524.

[164] SIH G C, PARIS P C, IRWIN G R. On cracks in rectilinearly anisotropic bodies [J]. International journal of fracture mechanics, 1965, 1(3): 189 - 203.

[165] IRWIN G R. Plastic zone near a crack and fracture toughness[C]// Sagamore research conference proceedings, 1960, 4: 463 - 478.

[166] BARENBLATT G I. The formation of equilibrium cracks during brittle fracture. General ideas and hypotheses. Axially-symmetric cracks[J]. Journal of applied mathematics and mechanics, 1959, 23(3): 622 - 636.

[167] DUGDALE D S. Yielding of steel sheets containing slits[J]. Journal of the mechanics and physics of solids, 1960, 8(2): 100 - 104.

[168] LABUZ J F, SHAH S P, DOWDING C H. Experimental analysis of crack propagation in granite[C]// International Journal of Rock Mechanics and Mining Sciences and Geomechanics Abstracts. Pergamon, 1985, 22(2): 85 - 98.

[169] 谢和平, 彭瑞东, 鞠杨. 岩石变形破坏过程中的能量耗散分析[J]. 岩石力学与工程学报, 2004, 23(21): 3565 - 3570.

[170] LIN Q, MAO D T, WANG S, et al. The influences of mode Ⅱ loading on fracture process in rock using acoustic emission energy[J]. Engineering fracture mechanics, 2018, 194: 136 - 144.

[171] 傅帅旸, 李海波, 李晓锋. 基于 DIC 方法与声发射的花岗岩断裂过程区范围研究[J]. 岩石力学与工程学报, 2022, 41(12): 2497 - 2508.

[172] ZHAO Y X, GONG S, ZHANG C G, et al. Fractal characteristics of crack propagation in coal under impact loading [J]. Fractals, 2018, 26(2): 1840014.

[173] KURUPPU M D. Fracture toughness measurement using chevron

notched semi-circular bend specimen[J]. International journal of fracture, 1997, 86(4): 33 – 38.

[174] 朱婷, 胡德安, 王毅刚. PMMA 材料裂纹动态扩展及止裂研究[J]. 应用力学学报, 2017, 34(2): 230 – 236.

[175] SCHMIDT R A. A microcrack model and its significance to hydraulic fracturing and fracture toughness testing[C]//U. S. symposium on rock mechanics, 1980: 5536287.

[176] FAKHIMI A, TAROKH A, LABUZ J F. Cohesionless crack at peak load in a quasi-brittle material[J]. Engineering fracture mechanics, 2017, 179: 272 – 277.

[177] BACKERS T, STANCHITS S, DRESEN G. Tensile fracture propagation and acoustic emission activity in sandstone: the effect of loading rate[J]. International journal of rock mechanics and mining sciences, 2005, 42(7/8): 1094 – 1101.

[178] OTSUKA K, DATE H. Fracture process zone in concrete tension specimen[J]. Engineering fracture mechanics, 2000, 65(2): 111 – 131.

[179] NEJATI M, AMINZADEH A, AMANN F, et al. Mode I fracture growth in anisotropic rocks: theory and experiment[J]. International journal of solids and structures, 2020, 195: 74 – 90.

[180] WANG W, ZHAO Y X, SUN Z, et al. Effects of bedding planes on the fracture characteristics of coal under dynamic loading[J]. Engineering fracture mechanics, 2021, 250: 107761.

[181] ZHAO Y X, SUN Z, GAO Y R, et al. Influence of bedding planes on fracture characteristics of coal under mode II loading[J]. Theoretical and applied fracture mechanics, 2022, 117: 103131.

[182] XU S C, JIANG Q, JIN C Y. Study on energy evolution process of hard brittle rock under uniaxial compression[J]. Applied mechanics and materials, 2013, 353: 511 – 514.

[183] WASANTHA P L P, RANJITH P G, SHAO S S. Energy monitoring and analysis during deformation of bedded sandstone: use of acoustic emission[J]. Ultrasonics, 2014, 54(1): 217 – 226.

[184] 郝宪杰, 袁亮, 郭延定, 等. 考虑峰后能量非稳态释放的硬煤脆性度指标[J]. 岩石力学与工程学报, 2017, 36(11): 2641 – 2649.

[185] FENG G, KANG Y, WANG X C, et al. Investigation on the failure characteristics and fracture classification of shale under Brazilian test conditions [J]. Rock mechanics and rock engineering, 2020, 53: 3325 - 3340.

[186] LI X, ZHANG Z Y, CHEN W, et al. Mode Ⅰ and Mode Ⅱ granite fractures after distinct thermal shock treatments[J]. Journal of materials in civil engineering, 2019, 31(4): 06019001.

[187] KRISHNAN G R, ZHAO X L, ZAMAN M, et al. Fracture toughness of a soft sandstone[J]. International journal of rock mechanics and mining sciences, 1998, 35(6): 695 - 710.

[188] ATKINSON C, SMELSER R E, SANCHEZ J. Combined mode fracture via the cracked Brazilian disk test[J]. International journal of fracture, 1982, 18(4): 279 - 291.

[189] 汪文瑞, 张广清, 孙伟, 等. 岩性差异对裂缝穿层扩展的率相关断裂特征影响[J]. 岩土力学, 2024, (8): 1 - 13.

[190] DOLL B, OZER H, RIVERAPEREZ J, et al. Damage zone development in heterogeneous asphalt concrete[J]. Engineering fracture mechanics, 2017, 182: 356 - 371.

[191] GREDIAC M, BLAYSAT B, SUR F. On the optimal pattern for displacement field measurement: random speckle and DIC, or checkerboard and LSA[J]. Experimental mechanics, 2020, 60: 509 - 534.

[192] BLABER J, ADAIR B, ANTONIOU A. Ncorr: open-source 2D digital image correlation matlab software[J]. Experimental mechanics, 2015, 55(6): 1105 - 1122.

[193] KRAMAROV V, PARRIKAR P N, MOKHTARI M. Evaluation of fracture toughness of sandstone and shale using digital image correlation[J]. Rock mechanics and rock engineering, 2020, 53(9): 4231 - 4250.

[194] 宫凤强, 王进, 李夕兵. 岩石压缩特性的率效应与动态增强因子统一模型[J]. 岩石力学与工程学报, 2018, 37(7): 1586 - 1595.

[195] 刘晓辉, 戴峰, 刘建锋, 等. 考虑层理方向煤岩的静动巴西劈裂试验研究[J]. 岩石力学与工程学报, 2015, 34(10): 2098 - 2105.

[196] ZHANG Q B, ZHAO J. A review of dynamic experimental techniques and mechanical behaviour of rock materials[J]. Rock mechanics and rock engineering, 2014, 47(4): 1411 - 1478.

[197] ZHANG Z X, KOU S Q, JIANG L G, et al. Effects of loading rate on rock fracture：fracture characteristics and energy partitioning[J]. International journal of rock mechanics and mining sciences，2000，37(5)：745 - 762.

[198] 陈荣，郭弦，卢芳云，等. Stanstead 花岗岩动态断裂性能[J]. 岩石力学与工程学报，2010，29(2)：375 - 380.

[199] 谢和平. 分形-岩石力学导论[M]. 北京：科学出版社，2005.

[200] 王浩，宗琦，汪海波，等. 冲击荷载下饱水凝灰岩断裂韧性及裂纹扩展分形特征研究[J]. 岩石力学与工程学报，2023，42(7)：1709 - 1719.

[201] 李夕兵. 岩石动力学基础与应用[M]. 北京：科学出版社，2014.

[202] 刘春，许强，施斌，等. 岩石颗粒与孔隙系统数字图像识别方法及应用[J]. 岩土工程学报，2018，40(5)：925 - 931.

[203] 施斌. 粘性土击实过程中微观结构的定量评价[J]. 岩土工程学报，1996(4)：60 - 65.

[204] ZHOU Z L, CAI X, MA D, et al. Water saturation effects on dynamic fracture behavior of sandstone[J]. International journal of rock mechanics and mining sciences，2019，114：46 - 61.

[205] GUO Y D, HUANG L Q, LIU H L, et al. Effect of water-based working fluid imbibition on static and dynamic compressive properties of anisotropic shale [J]. Journal of natural gas science and engineering， 2021， 95：104194.

[206] VAN EECKHOUT E M. The mechanisms of strength reduction due to moisture in coal mine shales[C]// International Journal of Rock Mechanics and Mining Sciences & Geomechanics Abstracts. Pergamon：1976，13(2)：61 - 67.

[207] ROSSI P. A physical phenomenon which can explain the mechanical-behaviour of concrete under high strain rates[J]. Materials and structures，1991，24：422 - 424.

[208] 龚爽，赵毅鑫. 层理对煤岩动态断裂及能量耗散规律影响的试验研究[J]. 岩石力学与工程学报，2017，36(S2)：3723 - 3731.

[209] 陈军斌. 页岩气储层液体火药高能气体压裂增产关键技术研究[M]. 北京：科学出版社，2017.

[210] MCCONNELL B J. Factors controlling sandstone strength and deformability in uniaxial compression[D]. Bristol：University of Bristol，1989.

[211] WONG R H C, CHAU K T, TANG C A, et al. Analysis of crack co-

alescence in rock-like materials containing three flaws-part Ⅰ: experimental approach[J]. International journal of rock mechanics and mining sciences, 2001, 38(7): 909 – 924.

[212] TANG C A, WONG R H C, CHAU K T, et al. Modeling of compression-induced splitting failure in heterogeneous brittle porous solids[J]. Engineering fracture mechanics, 2005, 72(4): 597 – 615.

[213] MODIRIASARI A, BOBET A, PYRAK – NOLTE L J. Active seismic monitoring of crack initiation, propagation, and coalescence in rock[J]. Rock mechanics and rock engineering, 2017, 50(9): 2311 – 2325.

[214] LI J C, YUAN W, LI H B, et al. Study on dynamic shear deformation behaviors and test methodology of sawtooth-shaped rock joints under impact load[J]. International journal of rock mechanics and mining sciences, 2022, 158: 105210.

[215] HE C L, YANG J. Experimental and numerical investigations of dynamic failure process in rock under blast loading[J]. Tunnelling and underground space technology, 2019, 83: 552 – 564.

[216] GONG S. Investigation of tensile and fracture mechanical properties of bituminous coal at different strain rates[J]. Journal of materials research and technology, 2021, 15: 834 – 845.

[217] TAN L H, REN T, DOU L M, et al. Dynamic response and fracture evolution of marble specimens containing rectangular cavities subjected to dynamic loading [J]. Bulletin of engineering geology and the environment, 2021, 80(10): 7701 – 7716.

[218] DONG Y Q, ZHU Z M, ZHOU L, et al. Study of mode Ⅰ crack dynamic propagationbehaviour and rock dynamic fracture toughness by using SCT specimens[J]. Fatigue & fracture of engineering materials & structures, 2018, 41(8): 1810 – 1822.

[219] 王飞, 王蒙, 朱哲明, 等. 冲击荷载下岩石裂纹动态扩展全过程演化规律研究[J]. 岩石力学与工程学报, 2019, 38(6): 1139 – 1148.

[220] ZHOU Y X, XIA K W, LI X B, et al. Suggested methods for determining the dynamic strength parameters and mode-I fracture toughness of rock materials[J]. International journal of rock mechanics and mining sciences, 2012, 49(1): 105 – 112.

［221］李地元，刘濛，韩震宇，等. 含孔洞层状砂岩动态压缩力学特性试验研究［J］. 煤炭学报，2019，44(5)：1349－1358.

［222］李地元，成腾蛟，周韬，等. 冲击载荷作用下含孔洞大理岩动态力学破坏特性试验研究［J］. 岩石力学与工程学报，2015，34(2)：249－260.

［223］唐礼忠，王春，程露萍，等. 一维静载及循环冲击共同作用下矽卡岩力学特性试验研究［J］. 中南大学学报(自然科学版)，2015，46(10)：3898－3906.

［224］赵程，鲍冲，松田浩，等. 数字图像技术在节理岩体裂纹扩展试验中的应用研究［J］. 岩土工程学报，2015，37(5)：944－951.

［225］LI X B，ZHOU T，LI D Y. Dynamic strength and fracturing behavior of single-flawed prismatic marble specimens under impact loading with asplit-Hopkinson pressure bar［J］. Rock mechanics and rock engineering，2017，50(1)：29－44.

［226］YANG S Q，JING H W. Strength failure and crack coalescence behavior of brittle sandstone samples containing a single fissure under uniaxial compression［J］. International journal of fracture，2011，168(2)：227－250.

［227］XIE H P，SANDERSON D J. Fractal effects of crack propagation on dynamic stress intensity factors and crack velocities［J］. International journal of fracture，1996，74(1)：29－42.

［228］谢和平，高峰，周宏伟，等. 岩石断裂和破碎的分形研究［J］. 防灾减灾工程学报，2003，23(4)：1－9.

［229］谢和平，陈至达. 分形(fractal)几何与岩石断裂［J］. 力学学报，1988，20(3)：264－271.